高职高专"十三五"规划教材

模 拟 电 路

主　编　戚玉强　王国强
副主编　杨　莹　朱永金　李学明

北京航空航天大学出版社

内容简介

本书内容包括：常用半导体器件、放大器基础、集成运算放大器及其应用、调谐放大器与正弦波振荡器、功率放大器、直流稳压电源和 Multisim 10 的仿真应用。每章末尾附有小结和习题，便于读者学习使用。

本书以讲清概念、强化应用为重点，以培养学生应用能力为主线，主要特点是循序渐进，由浅入深，理论联系实际，突出高职高专教育特色。

本书不仅可以供高职高专及成人高校应用电子、机电一体化、计算机应用等专业使用，也可供广大工程技术人员参考。

本书配有教学课件和习题答案供任课教师参考，请发送邮件至 goodtextbook@126.com 或致电 010-82317037 申请索取。

图书在版编目(CIP)数据

模拟电路 / 戚玉强，王国强主编. -- 北京：北京航空航天大学出版社，2016.2
ISBN 978-7-5124-1945-2

Ⅰ. ①模… Ⅱ. ①戚… ②王… Ⅲ. ①模拟电路－高等职业教育－教材 Ⅳ. ①TN710

中国版本图书馆 CIP 数据核字(2015)第 272174 号

版权所有，侵权必究。

模拟电路

主　编　戚玉强　王国强
副主编　杨　莹　朱永金　李学明
责任编辑　董　瑞　张艳学

*

北京航空航天大学出版社出版发行

北京市海淀区学院路 37 号(邮编 100191)　http://www.buaapress.com.cn
发行部电话：(010)82317024　传真：(010)82328026
读者信箱：goodtextbook@126.com　邮购电话：(010)82316936
北京时代华都印刷有限公司印装　各地书店经销

*

开本：787×1 092　1/16　印张：11.75　字数：301 千字
2016 年 2 月第 1 版　2016 年 2 月第 1 次印刷　印数：3 000 册
ISBN 978-7-5124-1945-2　定价：25.00 元

若本书有倒页、脱页、缺页等印装质量问题，请与本社发行部联系调换。联系电话：(010)82317024

前　言

本书依据教育部最新制定的《高职高专教育电工电子技术课程教学基本要求》编写。

本书在结构与内容编排方面,吸收了编者近几年在教学改革、教材建设等方面取得的经验体会,力求全面体现高等职业教育的特点,满足当前教学的需要。全书内容包括常用半导体器件、放大器基础、集成运算放大器及其应用、调谐放大器与正弦波振荡器、功率放大器、直流稳压电源和 Multisim 10 的仿真应用。在编写过程中注意了以下三个方面:

(1) 在教材内容选取上,以"必需、够用"为原则,舍去复杂的理论分析,辅以适量的习题,内容层次清晰,循序渐进,让学生对基本理论有系统、深入的理解,为今后的持续学习奠定基础。

(2) 在内容安排上,注重吸收新技术、新产品、新知识。如增加了新颖的集成电路芯片的应用等知识,体现教材的时代特征及先进性。

(3) 针对电子技术课程实践性较强的特点,专门安排章节介绍 Multisim 10 仿真软件的操作与案例,把实验室搬进课堂。这种教学模式生动形象,不但能激发学生的学习兴趣,而且能加深对所学知识的理解,提高教学质量。

本书由江苏农牧科技职业学院戚玉强编写第 2、3、6 章;四川职业技术学院朱永金编写第 1 章;江苏农林职业技术学院李学明编写第 7 章;江苏农牧科技职业学院王国强编写了第 5 章及附录部分;三亚航空旅游职业学院杨莹编写了第 4 章。

泰州技师学院唐培林详细地审阅了书稿并提出了许多宝贵意见,绍展图对全书的修改工作提出了很多建设性的意见,在此表示诚挚的谢意。由于编写时间较紧,加之编者水平有限,错误和不当之处恳请读者和同行批评指正。

编　者

2015 年 3 月

目　　录

第1章　常用半导体器件 1
  1.1　半导体二极管 1
    1.1.1　半导体基础知识 1
    1.1.2　二极管的结构和特性 4
    1.1.3　二极管的主要参数 6
    1.1.4　二极管的简易测试 8
    1.1.5　常用二极管 9
    1.1.6　二极管的应用举例 12
  1.2　半导体三极管 13
    1.2.1　三极管的结构、符号和类型 13
    1.2.2　三极管的电流放大作用 15
    1.2.3　三极管的共发射极特性曲线 17
    1.2.4　三极管的主要参数 19
    1.2.5　三极管的简易测试 20
  1.3　场效应管 21
    1.3.1　绝缘栅场效应管 22
    1.3.2　结型场效应管 24
    1.3.3　各种场效应管的特性比较 25
  本章小结 26
  习　　题 27

第2章　放大器基础 30
  2.1　共发射极基本放大器 30
    2.1.1　电路组成 30
    2.1.2　工作原理 33
  2.2　放大器的分析方法 34
    2.2.1　估算法 34
    2.2.2　图解法 37
  2.3　静态工作点的稳定 42
    2.3.1　影响静态工作点稳定的主要因素 42
    2.3.2　稳定静态工作点的偏置电路 43
  2.4　放大器的三种基本接法 46
    2.4.1　共集放大器 46
    2.4.2　共基放大器 47
    2.4.3　放大器三种接法的比较 48
    2.4.4　改进型放大器 49

2.4.5　共源、共漏和共栅放大器 ………………………………………… 51
2.5　多级放大器 …………………………………………………………………… 52
　　2.5.1　多级放大器的耦合方式 …………………………………………… 52
　　2.5.2　阻容耦合多级放大器的动态分析 ………………………………… 53
2.6　差分放大器 …………………………………………………………………… 56
　　2.6.1　差分放大器的基本结构 …………………………………………… 57
　　2.6.2　差分放大器的工作特点 …………………………………………… 57
　　2.6.3　采用有源负载的差分放大器 ……………………………………… 59
2.7　放大器中的负反馈 …………………………………………………………… 60
　　2.7.1　反馈的基本概念 …………………………………………………… 60
　　2.7.2　反馈类型的判断 …………………………………………………… 62
　　2.7.3　负反馈放大器的四种基本类型 …………………………………… 64
　　2.7.4　负反馈对放大器性能的影响 ……………………………………… 65
本章小结 ……………………………………………………………………………… 67
习　　题 ……………………………………………………………………………… 68

第3章　集成运算放大器及其应用 …………………………………………………… 72
3.1　集成运放的主要参数和工作特点 …………………………………………… 72
　　3.1.1　集成运算放大器 …………………………………………………… 72
　　3.1.2　集成运放的主要参数 ……………………………………………… 74
　　3.1.3　集成运放的工作特点 ……………………………………………… 75
　　3.1.4　集成运放的两种基本电路 ………………………………………… 76
3.2　信号运算电路 ………………………………………………………………… 77
　　3.2.1　加法运算电路 ……………………………………………………… 77
　　3.2.2　减法运算电路 ……………………………………………………… 78
　　3.2.3　积分运算电路 ……………………………………………………… 79
　　3.2.4　微分运算电路 ……………………………………………………… 79
3.3　电压比较器与方波发生器 …………………………………………………… 80
　　3.3.1　单门限电压比较器 ………………………………………………… 80
　　3.3.2　双门限电压比较器 ………………………………………………… 81
　　3.3.3　方波发生器 ………………………………………………………… 82
3.4　使用集成运放应注意的问题 ………………………………………………… 83
　　3.4.1　熟悉引脚 …………………………………………………………… 83
　　3.4.2　简易测试 …………………………………………………………… 83
　　3.4.3　调　零 ……………………………………………………………… 84
　　3.4.4　消除自激振荡 ……………………………………………………… 84
　　3.4.5　集成运放的保护措施 ……………………………………………… 84
3.5　集成运算放大器应用举例 …………………………………………………… 85
　　3.5.1　仪表用放大器 ……………………………………………………… 85
　　3.5.2　过热保护电路 ……………………………………………………… 86
本章小结 ……………………………………………………………………………… 86

习　　题 ………………………………………………………………………………… 87

第4章　调谐放大器与正弦波振荡器 ……………………………………………………… 90
4.1　调谐放大器 …………………………………………………………………………… 90
4.1.1　调谐放大器的工作原理 ………………………………………………………… 90
4.1.2　单调谐放大器 …………………………………………………………………… 91
4.1.3　双调谐放大器 …………………………………………………………………… 91
4.2　正弦波振荡器基本知识 ……………………………………………………………… 92
4.2.1　正弦波振荡器的组成及分类 …………………………………………………… 92
4.2.2　自激振荡条件 …………………………………………………………………… 93
4.2.3　自激振荡的过程 ………………………………………………………………… 93
4.3　LC振荡器 …………………………………………………………………………… 94
4.3.1　变压器反馈式LC振荡器 ……………………………………………………… 94
4.3.2　三点式LC振荡器 ……………………………………………………………… 95
4.3.3　集成LC振荡器 ………………………………………………………………… 96
4.3.4　振荡器的频率稳定度 …………………………………………………………… 97
4.4　石英晶体振荡器 ……………………………………………………………………… 97
4.4.1　石英晶体的特性 ………………………………………………………………… 98
4.4.2　石英晶体振荡器 ………………………………………………………………… 99
4.5　RC振荡器 …………………………………………………………………………… 100
4.5.1　RC文氏桥式振荡电路 ………………………………………………………… 100
4.5.2　RC移相式振荡器 ……………………………………………………………… 103
本章小结 ……………………………………………………………………………………… 103
习　　题 ……………………………………………………………………………………… 104

第5章　功率放大器 …………………………………………………………………………… 107
5.1　功率放大电路的基本要求及分类 …………………………………………………… 107
5.1.1　功率放大器的基本要求 ………………………………………………………… 107
5.1.2　功率放大电路的分类 …………………………………………………………… 107
5.2　变压器耦合功率放大器 ……………………………………………………………… 108
5.2.1　变压器耦合单管功率放大器 …………………………………………………… 108
5.2.2　变压器耦合乙类推挽功率放大器 ……………………………………………… 108
5.3　互补对称功率放大器 ………………………………………………………………… 109
5.3.1　单电源互补对称功率放大器 …………………………………………………… 109
5.3.2　双电源互补对称功率放大器 …………………………………………………… 110
5.3.3　功放管的散热和安全使用 ……………………………………………………… 111
5.4　集成功率放大器 ……………………………………………………………………… 112
5.4.1　集成功率放大器的主要性能指标 ……………………………………………… 113
5.4.2　用LM386组成的OTL电路 …………………………………………………… 113
5.4.3　用TDA2030组成的OCL电路 ………………………………………………… 114
5.4.4　用LH0101组成的BTL电路 …………………………………………………… 116
本章小结 ……………………………………………………………………………………… 116

习　　题 ... 117

第6章　直流稳压电源 ... 119

6.1　整流滤波电路 ... 119
6.1.1　单相半波整流电路 ... 119
6.1.2　单相桥式整流电路 ... 120
6.1.3　滤波电路 ... 122
6.1.4　倍压整流电路 ... 124

6.2　线性稳压电路 ... 125
6.2.1　稳压电路的主要技术指标 ... 125
6.2.2　稳压管稳压电路 ... 125
6.2.3　串联型稳压电路 ... 126
6.2.4　三端集成稳压器 ... 128

6.3　开关电源电路 ... 129
6.3.1　开关电源的特点及类型 ... 129
6.3.2　开关电源基本结构与工作原理 ... 129
6.3.3　实际开关电源电路 ... 131

本章小结 ... 132
习　　题 ... 133

第7章　Multisim 10 的仿真应用 ... 135

7.1　Multisim 10 仿真软件介绍 ... 135
7.1.1　Multisim 10 的用户界面及设置 ... 135
7.1.2　Multisim 10 元器件库及其元器件 ... 145

7.2　仿真教学案例 ... 159
7.2.1　桥式整流电路 ... 159
7.2.2　稳压二极管的仿真实验 ... 160
7.2.3　基本共发射极放大电路的波形图 ... 162
7.2.4　分压式负反馈放大电路性能指标的测试 ... 162
7.2.5　比例运算电路 ... 166
7.2.6　加法运算电路 ... 168
7.2.7　RC 文氏电桥振荡电路 ... 169
7.2.8　三点式振荡器 ... 170
7.2.9　乙类双电源互补对称功率放大电路（OCL 电路） ... 171
7.2.10　集成功率放大电路 TDA2030 ... 172
7.2.11　串联型稳压电源 ... 174
7.2.12　线性集成稳压器 ... 174

附　　录 ... 176
国内外三极管代换型号 ... 176

参考文献 ... 186

第1章 常用半导体器件

半导体器件是构成电子电路的基本元件。本章介绍半导体的基础知识和半导体二极管、半导体三极管、场效应晶体管的结构、工作原理、特性曲线、主要参数等,为学习后续各章提供必要的基础知识。

1.1 半导体二极管

1.1.1 半导体基础知识

1. 什么是半导体

物质按导电能力的强弱可分为导体、绝缘体和半导体三大类。半导体的导电能力介于导体和绝缘体之间。硅(Si)和锗(Ge)是最常用的半导体材料。

半导体之所以得到广泛的应用,是因为它具有掺杂性、热敏性和光敏性。人们正是利用它的这些特点制成了多种性能的电子元器件,如半导体二极管、半导体三极管、场效应管、集成电路、热敏元件、光敏元件等。由于用作半导体材料的硅和锗必须是原子排列完全一致的单晶体,所以半导体管通常也称为晶体管。

2. 本征半导体

不含杂质、完全纯净的半导体称为本征半导体。最常见的本征半导体是锗和硅晶体,它们都是四价原子,其结构图如图1-1所示。

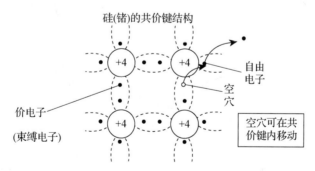

图1-1 硅、锗原子结构模型及共价键结构示意图

在常温下,共价键中的价电子被束缚得很紧,不能成为自由电子,因此本征半导体中只有大量的价电子,但却没有自由电子,所以本征半导体的导电性能很差。当受到光和热外界能量时,共价键中的价电子摆脱共价键的束缚跳到键外成为自由电子,这称为本征激发,又称为热激发。像自由电子这样的带电粒子称为载流子。价电子成为自由电子后,留下了一个空位,称为空穴。这个空位处因少一个带负的价电子而呈正极性,所以空穴带有一个单位的正电荷。同样,电子带有一个单位的负电荷。空穴是区别导体与半导体的一个重要特征,导体中只有自由电子,而空穴则和自由电子一样,也是参与导电的一种载流子。本征激发产生空穴后,在其附近做热运动的价电子很容易被这个正电荷所吸引,从而填补到这个空位上,这个电子原来的位置又留下新的空位,这就相当于空穴移动了一个位置。因此,带正电荷的空穴也能像自由电子一样,在晶体中做热运动。从图1-1中可看出电子、空穴是做相对运动,而且是相伴而生,成对出现的,所以称为"电子空穴对"。该电子空穴对做无规则的运动。由此可见,在没有外加电场作用时,虽然导电性能有所加强,但本征半导体不产生电流。当外加电场时,自由电子将朝外电源正极的方向移动,产生电子电流;空穴将朝相反(外电源负极)方向移动,形成半导体中的空穴电流。虽然电子、空穴的运动方向不一致,但它们产生的电流方向是一致的,电路电流为两者之和。由于电子和空穴所带的电量又都相等,所以本征半导体在外加电场时,在导电性能上仍是呈中性的。

3. 杂质半导体

在纯净半导体(本征半导体)中掺入微量合适的杂质元素,可使半导体的导电能力大大增强。按掺入的杂质元素不同,杂质半导体可分为两类。

(1) N 型半导体

N 型半导体又称为电子型半导体,其内部自由电子数量多于空穴数量,即自由电子是多数载流子(简称多子),空穴是少数载流子(简称少子)。例如,在单晶硅中掺入微量磷元素,可得到 N 型硅,如图1-2(a)所示。由图1-2(a)可知,多余的1个价电子不参加共价键,形成自由电子,而磷原子因失去电子变成了正离子,其空间电荷如图1-2(b)所示。图中自由电子数大于空穴数,所以自由电子为多数载流子,空穴为少数载流子,这种导电以自由电子为主的半导体就称为 N 型半导体。

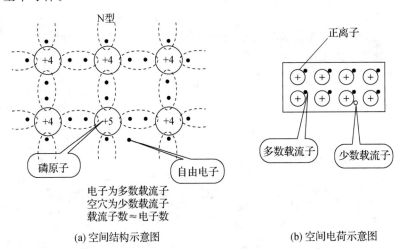

图 1-2 N 型半导体结构

(2) P 型半导体

P 型半导体又称为空穴型半导体,其内部空穴是多数载流子,自由电子是少数载流子。例如,在单晶硅中掺入微量硼元素,可得到 P 型硅,如图1-3(a)所示。由图1-3(a)可知,加入三价元素硼之后多了一个空穴,这个空穴就是载流子,具有导电性能。硼原子因多了一个空穴而变成了负离子,其空间电荷如图1-3(b)所示。图中空穴数大于自由电子数,空穴为多数载流子,而自由电子为少数载流子,导电以空穴为主,这种半导体称为 P 型半导体。从以上分析看,掺入少量的某种元件,可使晶体中的自由电子或空穴数量剧增,从而大大提高了半导体的导电能力。

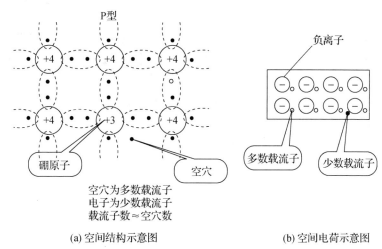

(a) 空间结构示意图　　(b) 空间电荷示意图

图 1-3　P 型半导体结构

在杂质半导体中,多数载流子起主要导电作用。由于多数载流子的数量取决于掺杂浓度,因而它受温度的影响较小;而少数载流子对温度非常敏感,这将影响半导体的性能。

4. PN 结的形成

单一的 N 型或 P 型半导体只起电阻作用,不能制成半导体器件。但是如果将这两种类型的半导体以某种形式结合在一块,构成 PN 结,使半导体的导电性能受到限制,从而制成各种半导体器件,如半导体二极管、三极管、晶闸管分别由 1 个、2 个、3 个 PN 结构成。PN 结形成的结构示意图如图 1-4 所示。图中,由于 P 区的空穴浓度大于 N 区的空穴浓度,所以 P 区的空穴就要向 N 区扩散。同理,N 区的自由电子也要向 P 区扩散。两边扩散来的电子和空穴复合而消失,在交界处留下了带正、负电荷的离子,称为空间电荷区。在这个区域内,电子和空穴全部复合消耗尽了,所以这个空间电荷区又称为耗尽层。这个空间电荷区产生了内电场,其方向是由正电荷区到负电荷区,即由 N 到 P。从图中可以看出,内电场的作用有两个:

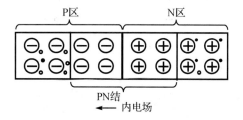

图 1-4　PN 结的形成结构示意图

① 阻止多数载流子的扩散。

② 推动少数载流子越过空间电荷区进入另一侧,这称为少数载流子的漂移运动。

从 N 区漂移到 P 区的空穴,填补了 P 区失去的空穴;从 P 区漂移到 N 区的电子,填补了 N 区失去的电子,从而使空间电荷减少,内电场削弱,又有利于扩散而不利于漂移。结果,因载流子的扩散运动而建立的空间电荷区又因载流子的漂移运动而变窄。由此可见,扩散与漂移既相互联系,又相互矛盾。扩散使空间电荷区加宽,内电场增强,反过来扩散阻力加大,使漂移容易进行。而漂移又使空间电荷区变窄,内电场削弱,这又使扩散容易而阻碍漂移。总之,内电场削弱(变窄),扩散容易。内电场加强(变宽),漂移容易。当扩散和漂移平衡时,交界面处就形成了一个稳定的空间电荷区,称为 PN 结。

1.1.2　二极管的结构和特性

1. 二极管的结构和符号

将 PN 结的两端分别引出两根金属引线，用管壳封装，就制成了半导体二极管，简称二极管。从 P 区引出的电极为正极，从 N 区引出的电极为负极。通常在外壳上都印有标志以便区分正、负电极。半导体二极管的基本结构如图 1－5(a)所示。

二极管的文字符号为 V(或 V_D)，通常也可以用单词 diode 的首字母“D”表示，此书均用“D”。图形符号如图 1－5(b)所示，图中箭头指向为二极管正向电流的方向。图 1－6 所示为常见二极管的外形。图 1－7 所示为一种特殊的片状封装形式，它具有体积小、形状规整和便于自动化装配等优点，目前得到广泛应用。

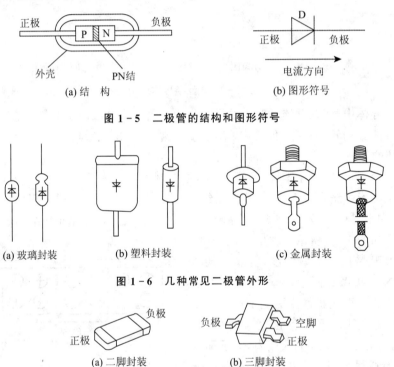

正极
负极
P
N
外壳
PN结
(a) 结　构
D
正极
负极
电流方向
(b) 图形符号

图 1－5　二极管的结构和图形符号

(a) 玻璃封装
(b) 塑料封装
(c) 金属封装

图 1－6　几种常见二极管外形

负极
正极
(a) 二脚封装
负极
空脚
正极
(b) 三脚封装

图 1－7　片状二极管

2. 二极管的单向导电性

二极管的单向导电性可通过如图 1－8 所示的实验来说明。

按图 1－8(a)连接实验电路，接通电源后指示灯亮，说明此时二极管的电阻很小，很容易导电。再将原二极管正负极对调后接入电路，如图 1－8(b)所示，接通电源后指示灯不亮，说明此时二极管的电阻很大，几乎不导电。

由实验可得出如下结论：

(1) 加正向电压时二极管导通

当二极管正极电位高于负极电位，此时的外加电压称为正向电压，二极管处于正向偏置，简称正偏。二极管正偏时，内部呈现较小的电阻，可以有较大的电流通过，二极管的这种状态称为正向导通状态。

(2) 加反向电压时二极管截止

当二极管正极电位低于负极电位,此时的外加电压称为反向电压,二极管处于反向偏置,简称反偏。二极管反偏时,内部呈现很大的电阻,几乎没有电流通过,二极管的这种状态称为反向截止状态。

二极管在加正向电压时导通,加反向电压时截止,这就是二极管的单向导电性。

3. 二极管的伏安特性曲线

加在二极管两端的电压和流过二极管的电流之间的关系称为二极管的伏安特性,利用晶体管特性图示仪可以很方便地测出二极管的伏安特性曲线,如图1-9所示。

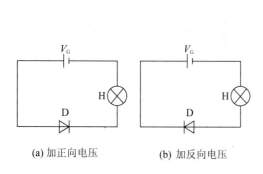

图1-8 二极管单向导电实验

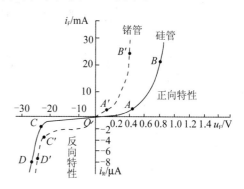

图1-9 二极管的伏安特性曲线

(1) 正向特性

正向特性曲线如图1-9中第一象限所示。

在起始阶段(OA),外加正向电压很小,二极管呈现的电阻很大,正向电流几乎为零,曲线 OA 段称为死区。使二极管开始导通的临界电压称为开启电压,通常用 U_{on} 表示,一般硅二极管的开启电压约为 0.5 V,锗二极管的开启电压约为 0.2 V。

当正向电压超过开启电压后,电流随电压的上升迅速增大,二极管电阻变得很小,进入正向导通状态。AB 段曲线较陡直,电压与电流的关系近似为线性,AB 段称为导通区。导通后二极管两端的正向电压称为正向压降(或管压降),这个电压比较稳定,几乎不随流过的电流大小而变化。一般硅二极管的正向压降约为 0.7 V,锗二极管的正向压降约为 0.3 V。

(2) 反向特性

反向特性曲线如图1-9第三象限所示。

二极管加反向电压时,在起始的一段范围内(OC),只有很少的少数载流子,也就是很小的反向电流,且不随反向电压的增加而改变,称为反向饱和电流或反向漏电流。OC 段称反向截止区。一般硅管的反向电流为 0.1 μA,锗管为几十微安。

注意:反向饱和电流随温度的升高而急剧增加,硅管的反向饱和电流要比锗管的反向饱和电流小。在实际应用中,反向电流越小,二极管的质量越好。

当反向电压增大到超过某一值时(图1-9中 C 点),反向电流急剧增大,这一现象称为反向击穿,所对应的电压称为反向击穿电压,用 U_{BR} 表示。反向击穿有两种类型:

① 电击穿:PN结未损坏,断电即恢复。

② 热击穿:PN结烧毁。

电击穿是可逆的,反向电压降低后二极管仍恢复正常。因此,电击穿往往被人们所利用

(如稳压管)。而热击穿则是电击穿时没有采取适当的限流措施,导致电流增大,电压升高,使管子过热造成永久性损坏。因此,工作时应避免二极管的热击穿。

综上所述,二极管伏安特性可分为4个区域:

正向特性 $\begin{cases} 死区:0 \leqslant u_D \leqslant U_{on} 时(U_{on(硅)}=0.5\text{ V}, U_{on(锗)}=0.2\text{ V}), i_D \approx 0。\\ 导通区:u_D > U_{on}, i_D 随 u_D 增加急剧上升。 \end{cases}$

反向特性 $\begin{cases} 反向饱和区:U_{BR} < u_D \leqslant 0, i_{D(硅)} < 0.1\text{ μA}, i_{D(锗)} 小于几十 μA。\\ 反向击穿区:u_D < U_{BR},反向电流急剧增大,此时管子反向击穿。 \end{cases}$

由图 1-9 可知,二极管具有单向导电性。

二极管用理想二极管和实际二极管分析二极管电路。

1) 理想二极管

理想二极管伏安特性如图 1-10(a)所示,符号及等效模型如图 1-10(b),(c)所示。

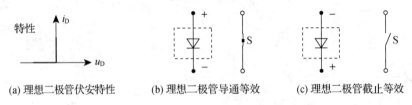

(a) 理想二极管伏安特性　　(b) 理想二极管导通等效　　(c) 理想二极管截止等效

图 1-10　理想二极管

2) 实际二极管

实际二极管伏安特性如图 1-11 所示。二极管正向工作电压:硅管为 0.6~0.7 V,锗管为 0.2~0.3 V。

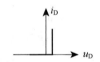

图 1-11　实际二极管伏安特性

1.1.3　二极管的主要参数

1. 二极管的分类

① 按所用材料不同,二极管可分为硅二极管和锗二极管两大类。硅管受温度影响较小,工作较为稳定。

② 按制造工艺不同,二极管可分为点接触型、面接触型和平面型三种,如图 1-12 所示。

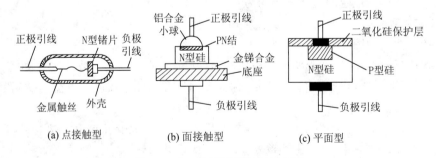

(a) 点接触型　　(b) 面接触型　　(c) 平面型

图 1-12　二极管内部结构示意图

点接触型二极管的特点是:PN 结面积小,结电容小,允许通过的电流小,常用于高频电路和小功率整流电路。

面接触型二极管的特点是:PN 结面积大,结电容大,允许通过的电流大,但只能在低频下工作,通常仅用作整流管。

平面型二极管则有两种:结面积较小的可作为脉冲数字电路中的开关管,结面积较大的可用于大功率整流电路。

③ 按用途分类,有普通二极管、整流二极管、稳压二极管、开关二极管、热敏二极管、发光二极管、光电二极管和变容二极管等。

2. 二极管的型号

国产二极管的型号命名方法如表1-1所列。

表1-1 二极管的型号

第一部分		第二部分		第三部分				第四部分	第五部分
用数字表示器件的电极数目		用拼音字母表示器件的材料和极性		用汉语拼音字母表示器件的类型				用数字表示器件的序号	用汉语拼音字母表示规格号
符号	意义	符号	意义	符号	意义	符号	意义		
2	二极管	A	N型锗材料	P	普通管	C	参量管	反映二极管参数的差别	反映二极管承受反向击穿电压的高低,如A,B,C,D,…,其中A承受的反向击穿电压最低,B稍高
		B	P型锗材料	Z	整流管	U	光电器件		
		C	N型硅材料	W	稳压管	N	阻尼管		
		D	P型硅材料	K	开关管	BT	半导体特殊器件		
		E	化合物	L	整流堆				

例1-1

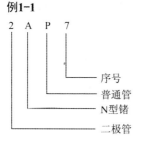

例1-2

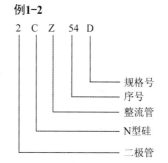

国外晶体管型号命名方法与我国不同。例如,凡以1N开头的二极管都是美国制造或以美国专利在其他国家制造的产品;以1S开头的则为日本注册产品。后面数字为登记序号,通常数字越大,产品越新,如1N4001,1N5408,1S1885等。

3. 二极管的主要参数

参数定量和描述了二极管的性能,常采用以下主要参数。

(1) 最大整流电流 I_{FM}

二极管长期运行时允许通过的最大正向平均电流。它的数值与PN结的面积和外部散热条件有关。实际工作时二极管的正向平均电流不得超过此值,否则二极管可能会因过热而损坏。

(2) 最高反向工作电压 U_{RM}

二极管正常工作所允许外加的最高反向电压。通常取二极管反向击穿电压的1/3~1/2。

(3) 反向饱和电流 I_R

二极管未击穿时的反向电流。此值越小,二极管的单向导电性能越好。由于反向电流是由少数载流子形成的,所以它受温度的影响很大。

(4) 最高工作频率 f_M

二极管工作的上限频率。超过此值时,由于结电容的作用,二极管将不能很好地体现单向导电性。二极管结电容越大,则最高工作频率越低。一般小电流二极管的 f_M 高达几百 MHz,而大电流整流管的 f_M 只有几千 Hz。

二极管的参数可以从二极管器件手册中查到,这些参数是人们在选用器件和设计电路时的重要依据。不同类型的二极管,其参数内容和参数值是不同的,即使是同一型号的二极管,它们的参数值也存在很大差异。此外,在查阅参数时还应注意它们的测试条件,当使用条件与测试条件不同时,参数也会发生变化。

当设备中的二极管损坏时,最好换上同型号的新管。如实在没有同型号管,可选用三项主要参数 I_{FM},U_{RM},f_M 满足要求的其他型号的二极管代用。代用管只要能满足电路要求即可,并非一定要比原二极管各项指标都高才行。应注意硅管与锗管在特性上是有差异的,一般不宜互相替换。

表 1-2 列出了几种典型二极管的主要参数。

表 1-2 几种典型二极管的主要参数

型 号	最大整流电流 I_{FM}/mA	最高反向工作电压 U_{RM}/V	反向饱和电流 I_R/μA	最高工作频率 f_M/MHz	主要用途
2AP1	16	20		150	检波管
2CK84	100	≥30	≤1		开关管
2CP31	250	25	≤300		整流管
2CZ11D	1 000	300	≤0.6		整流管

1.1.4 二极管的简易测试

将万用表拨到 $R\times100$ 或 $R\times1k$ 电阻挡,并将两表笔短接调零。注意,此时万用表的红表笔是与表内电池的负极相连,黑表笔是与表内电池的正极相连。如图 1-13 所示,将红、黑两支表笔跨接在二极管的两端,若测得阻值较小(几 kΩ 以下),再将红、黑表笔对调后接在二极管两端,测得的阻值较大(几百 kΩ),说明二极管质量良好;测得阻值较小的那一次黑表笔所接为二极管的正极。如果测得二极管的正、反向电阻都很小(接近零),则说明二极管内部已短路;如果测得二极管的正、反向电阻都很大,则说明二极管内部已开路。

应注意的是,由于二极管正向特性曲线起始段的非线性,用 $R\times100$ 和 $R\times1k$ 挡时测得的正向电阻读数是不一样的。

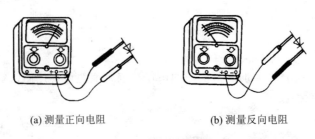

(a) 测量正向电阻　　　　　　(b) 测量反向电阻

图 1-13 二极管的简易测试

如果是用数字式万用表测量二极管,应将量程选择开关拨至 ⟶⊢ 挡,红表笔插入"V·Ω"插孔,接二极管正极;黑表笔插入 COM 插孔,接二极管负极。此时显示的是二极管的正向压降,若为锗管应显示 0.150~0.300 V;若为硅管应显示 0.550~0.700 V。如果显示 000,表示二极管内部短路;显示 1,表示二极管内部开路。

1.1.5 常用二极管

1. 整流二极管

整流二极管的主要功能是将交流电转换成脉动直流电,应用较多的有 2CZ,2DZ 等系列。如图 1-14(a)所示为最简单的单相半波整流电路。

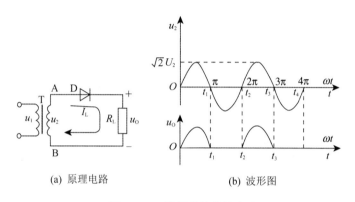

(a) 原理电路 (b) 波形图

图 1-14 单相半波整流电路

当变压器二次侧交流电压 u_2 为正半周时,设 A 端为正,B 端为负,二极管 D 承受正向电压而导通,电流自上而下流过负载 R_L,若忽略二极管的正向压降,可认为 R_L 上的电压 u_o 与 u_2 几乎相等,即 $u_o=u_2$;当 u_2 为负半周时,B 端为正,A 端为负,二极管 D 承受反向电压而截止,负载 R_L 上无电流通过,$u_o=0$。

由图 1-14(b)中 u_o 的波形可见,在输入电压为单相正弦波时,负载 R_L 上得到只有正弦波的半个波,故称为单相半波整流电路。负载 R_L 上的半波脉动直流电压平均值可按下式估算,即

$$U_o = 0.45 U_2$$

式中,U_2 为变压器二次侧电压有效值。

2. 稳压二极管

稳压二极管又称齐纳二极管,简称稳压管。它是一种用特殊工艺制造的面接触型硅二极管,在电路中能起稳定电压的作用。稳压管的图形符号、外形和伏安特性曲线如图 1-15 所示。

稳压管的正向特性与普通硅二极管相同,但是,它的反向击穿特性更陡直。稳压管通常工作于反向击穿区,只要击穿后反向电流不超过极限值,稳压管就不会发生热击穿损坏。为此,必须在电路中串接限流电阻。稳压管反向击穿后,当流过稳压管的电流在很大范围内变化时,二极管两端的电压几乎不变,从而可以获得一个稳定的电压。稳压二极管的类型很多,主要有 2CW、2DW 系列。

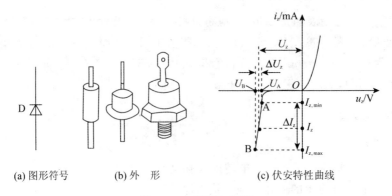

(a) 图形符号　　(b) 外　形　　(c) 伏安特性曲线

图 1-15　稳压二极管

稳压管的主要参数有：
① 稳定电压 U_z 即稳压管的反向击穿电压。
② 稳定电流 I_z 指稳压管在稳定电压下的工作电流。
③ 动态电阻 r_z 指稳压管两端电压变化量 ΔU_z 与通过电流变化量 ΔI_z 之比，即

$$r_z = \frac{\Delta U_z}{\Delta I_z}$$

r_z 越小，说明 ΔI_z 引起的 ΔU_z 变化越小。可见，动态电阻小的稳压管稳压性能好。

3. 发光二极管

发光二极管是一种将电能转换成光能的半导体器件。可见光发光二极管根据所用材料不同，可以发出红、绿、黄、蓝、橙等不同颜色的光。此外，有些特殊的发光二极管还可以发出不可见光或激光。发光二极管的伏安特性与普通二极管相似，但正向导通电压稍大，约为 1.5～2.5 V。

发光二极管常用 LED 表示，常用的型号有 2EF31,2EF201 等。发光二极管图形符号和外形如图 1-16 所示。一般引脚引线较长者为正极，较短者为负极。如管帽上有凸起标志，靠近凸起标志的引脚为负极。有的发光二极管有三个引脚，根据引脚电压情况可发出不同颜色的光。

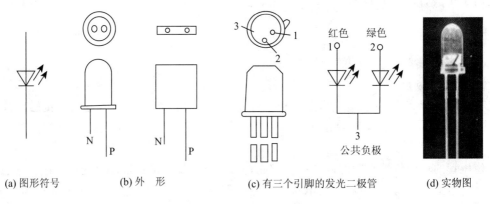

(a) 图形符号　　(b) 外　形　　(c) 有三个引脚的发光二极管　　(d) 实物图

图 1-16　发光二极管

发光二极管常用作显示器件，除单个使用外，也可制成七段式或点阵式显示器。图 1-17 所示为七段式 LED 数码管的外形和电路图。

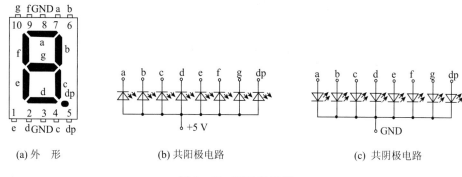

图 1-17 LED 数码管

用 500 型万用表测试发光二极管,应选 $R\times 10k$ 挡。当测得正向电阻小于 50 kΩ,反向电阻大于 200 kΩ 时均为正常。

如果用 368 型万用表,由于该表 $R\times 1 \sim R\times 1k$ 挡都是使用 3 V 电池,所以可用这几个挡测量;若二极管发光,说明二极管是好的,并且与黑表笔相接的是发光二极管的正极。用数字式万用表测量时,可将发光二极管的两只引脚分别插入 h_{FE} 插座的 C,E 检测孔,若二极管发光,在 NPN 挡插入 C 孔的引脚是正极;若二极管插入后不发光,对调引脚后再插入仍不发光,说明管子已坏。

4. 光电二极管

光电二极管又称光敏二极管。它的基本结构也是一个 PN 结,但是它的 PN 结接触面积较大,可以通过管壳上一个窗口接受入射光。光电二极管的图形符号和外形如图 1-18 所示。光电二极管工作在反偏状态,当无光照时,反向电流很小,称为暗电流;当有光照时,反向电流增大,称为光电流。光电流不仅与入射光的强度有关,而且与入射光的波长有关。如果制成受光面积大的光电二极管,则可作为一种能源,称为光电池。光电二极管的型号通常有 2CU,2AU,2DU 等系列;光电池的型号有 2CR,2DR 等系列。

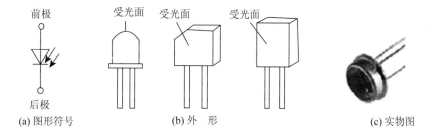

图 1-18 光电二极管

图 1-19 所示为远红外线遥控电路示意图,图 1-19(a)为发射电路,图 1-19(b)为接收电路。

当按下发射电路中某一按钮时,编码器电路产生调制的脉冲信号,并由发光二极管转换成光脉冲信号发射出去。接收电路中的光电二极管将光脉冲信号转换为电信号,经放大、解码后,由驱动电路驱动负载作出相应的动作。

检测光电二极管可用万用表的 $R\times 1k$ 挡测量它的反向电阻,要求无光照时电阻要大,有光照时电阻要小。若有、无光照时电阻差别很小,表明光电二极管质量不好。

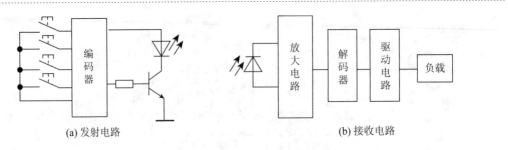

(a) 发射电路　　　　　　　　(b) 接收电路

图 1-19　远红外线遥控电路

5. 光电耦合器

　　光电耦合器是由发光器件(如发光二极管)和光敏器件(如光电二极管、光电三极管)组合而成的一种器件,其内部电路如图 1-20 所示。将电信号加到器件的输入端,发光二极管 V_1 发光,光电二极管(或光电三极管)V_2 受到光照后输出光电流。这样,通过"电—光—电"的转换,就将电信号从输入端传送到输出端。由于输入与输出之间是用光进行耦合,所以具有良好的电隔离性能和抗干扰性能,并可作为光电开关器件,应用相当广泛。

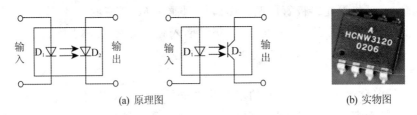

(a) 原理图　　　　　　　　(b) 实物图

图 1-20　光电耦合器

1.1.6　二极管的应用举例

　　例 1-3　电路如图 1-21(a)所示,硅二极管,$R=2\ \text{k}\Omega$,求当 $V_{DD}=2\ \text{V}$ 时,I_o 和 U_o 的值(忽略二极管正向工作电压)。

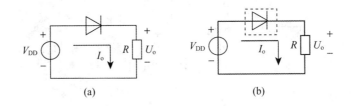

图 1-21　例 1-3 用图

　　解：由图 1-21(b)得
　　　　$V_{DD}=2\ \text{V}, \quad I_o=V_{DD}/R=2\ \text{V}/2\times 10^3\ \Omega=1\ \text{mA}, \quad U_o=V_{DD}=2\ \text{V}$

　　例 1-4　电路如图 1-22(a)所示,图(b)是输入波形,已知 $u_i=2\sin\omega t\ (\text{V})$,分析二极管的限幅作用(二极管的死区电压为 0.5 V,正向工作电压 0.7 V)。

　　解：当 $-0.7\ \text{V}<u_i<0.7\ \text{V}$ 时,D_1,D_2 均截止,$u_o=u_i$。

　　当 $u_i\geqslant 0.7\ \text{V}$ 时,D_2 导通 D_1 截止,$u_o=0.7\ \text{V}$。

当 $u_i < -0.7$ V 时，D_1 导通 D_2 截止，$u_o = -0.7$ V。

二极管的限幅波形如图 1-22(c)所示。

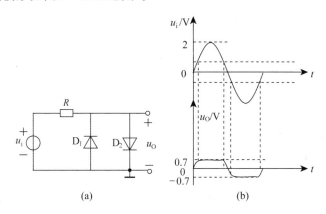

图 1-22 例 1-4 用图

例 1-5 图 1-23 用二极管构成"门"电路，设 D_1、D_2 均为理想二极管，当输入电压 U_A、U_B 为低电压 0 V 和高电压 5 V 的不同组合时，求输出电压 U_F。

解：当输入电压 U_A、U_B 为低电压 0 V 和高电压 5 V 的不同组合时，输出电压 U_F 的值如表 1-3 所列。

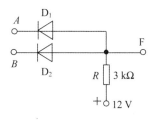

图 1-23 例 1-5 用图

表 1-3 输出电压 U_F 值

输入电压/V		理想二极管		输出电压/V
U_A	U_B	D_1	D_2	U_F
0	0	正偏导通	正偏导通	0
0	5	正偏导通	反偏截止	0
5	0	反偏截止	正偏导通	0
5	5	正偏导通	正偏导通	5

1.2 半导体三极管

1.2.1 三极管的结构、符号和类型

1. 三极管的结构和符号

半导体三极管简称晶体管或三极管。由于内部参与导电的有电子和空穴，所以又称它为双极型三极管，是最重要的一种半导体器件。

三极管的结构是将两个 PN 结用一种特殊的制造工艺背靠背地连接起来，引出三个电极，然后用管壳封装而成。三极管的管芯结构为平面型和合金型两大类。无论是平面型还是合金型都是由三层不同的半导体即三个不同的导电区构成。对应的三层半导体分别为发射区、基区和集电区。从三个区引出的三个电极分别为：发射极、基极和集电极，分别用符号 E(e)、B(b)和 C(c)表示。发射区与基区之间的 PN 结称为发射结，集电区与基区之间的 PN 结称为集电结。

需要说明的是,虽然发射区和集电区半导体类型一样,但发射区掺杂浓度比集电区高;在几何尺寸上,集电区面积比发射区大,所以,它们并不对称,发射极和集电极不可对调。

各区主要作用及结构特点如表1-4所列。

表1-4 各区主要作用及特点

区域名称	作 用	特 点
发射区	发射载流子	掺杂浓度高
基区	传输和控制载流子	薄,掺杂浓度低
集电区	接收载流子	面积大

按照两个PN结的组合方式不同,三极管分为NPN型和PNP型两大类,其结构和图形符号如图1-24所示。三极管的文字符号用V表示;图形符号中,箭头方向表示发射结正向偏置时发射极电流的方向。发射极箭头朝外的是NPN型三极管,发射极箭头朝里的是PNP型三极管。

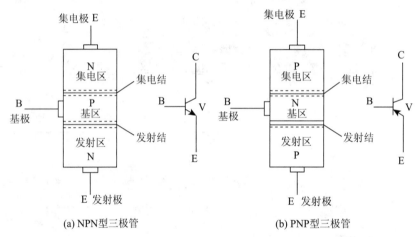

(a) NPN型三极管　　　　　　　　(b) PNP型三极管

图1-24 三极管的结构示意图和表示符号

三极管的功率大小不同,它们的体积和封装形式也不一样。常见的国产三极管外形如图1-25所示。

(a) 塑封小功率三极管　(b) 金属封装小功率三极管　(c) 塑封中功率三极管　(d) 金属封装大功率三极管

图1-25 常见国产三极管的外形

2. 三极管的类型

三极管按不同的分类方法可分为多种,如表1-5所列。

表 1-5 三极管的类型

分类方法	种 类	应 用
按极性分	NPN 型三极管	目前常用的三极管,电流从集电极流向发射极
	PNP 型三极管	电流从发射极流向集电极
按材料分	硅三极管	热稳定性好,是常用的三极管
	锗三极管	反向电流大,受温度影响较大,热稳定性差
按工作频率分	低频三极管	工作频率比较低,用于直流放大、音频放大电路
	高频三极管	工作频率比较高,用于高频放大电路
按功率分	小功率三极管	输出功率小,用于功率放大器末前级放大电路
	大功率三极管	输出功率较大,用于功率放大器末级放大电路(输出级)
按用途分	放大管	应用在模拟电路中
	开关管	应用在数字电路中

3. 三极管的型号

三极管的型号如表 1-6 所列。

表 1-6 三极管的型号

第一部分(数字)		第二部分(拼音)		第三部分(拼音)		第四部分(数字)	第五部分(拼音)
电极数		材料和极性		类型			
符号	意义	符号	意义	符号	意义		
3	三极管	A	PNP 型锗材料	X	低频小功率管	序号	规格号
		B	NPN 型锗材料	G	高频小功率管		
		C	PNP 型硅材料	D	低频大功率管		
		D	NPN 型硅材料	A	高频大功率管		
				K	开关管		

国外半导体三极管以 2N 或 2S 开头,2 表示有两个 PN 结,N 和 S 的含义与二极管型号相同。

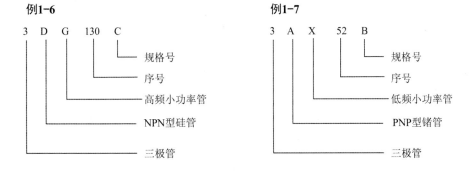

1.2.2 三极管的电流放大作用

1. 三极管的工作电压

三极管最重要的特性是具有电流放大作用,是一个电流控制器件,但是从三极管的内部结构上看,相当于两个二极管背靠背地串接在一起,并不具备放大作用。使三极管具有电流放大作用必须具备一定的内部和外部条件:

① 内部条件 $\begin{cases}发射区掺杂浓度高\\ 基区薄且掺杂浓度低\\ 集电结面积大\end{cases}$

② 外部条件 $\begin{cases}发射结正偏\\ 集电结反偏\end{cases}$

由于 NPN 型和 PNP 型三极管极性不同,所以外加电压的极性也不同,如图 1-26 所示。

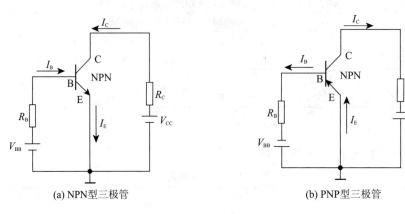

(a) NPN型三极管　　　　　　(b) PNP型三极管

图 1-26　三极管的工作电压

对于 NPN 型三极管,C,B,E 三个电极的电位必须符合 $U_C>U_B>U_E$;对于 PNP 型三极管,电源的极性与 NPN 型相反,应符合 $U_C<U_B<U_E$。

2. 三极管的电流放大作用

以 NPN 管共发射极放大电路为例,实验电路如图 1-27 所示。制作时内部条件已事先满足,下面来看一下外部条件。V_{BB} 为发射极的正偏电源,V_{CC} 为集电极的反偏电源,$V_{CC}>V_{BB}$,满足放大器的外部条件,即该电路能实现放大。电路接通后三极管各电极都有电流通过,即流入基极的电流为 I_B、流入集电极的电流为 I_C 以及流出发射极的电流为 I_E。

通过调节电位器 R_P 的阻值,调节基极的偏压,可调节基极电流 I_B 的大小。每取一个 I_B 值,从毫安表可读取集电极电流 I_C 和发射电流 I_E 的相应值,实验数据如表 1-7 所列。

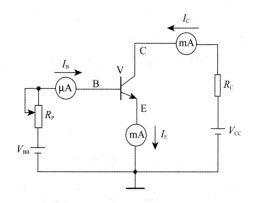

图 1-27　三极管电流分配实验电路

表 1-7　三极管的电流放大作用

mA

电流	序号					
	1	2	3	4	5	6
I_B	0	0.01	0.02	0.03	0.04	0.05
I_C	0.01	0.056	1.14	1.74	2.33	2.91
I_E	0.01	0.057	1.16	1.77	2.37	2.96

通过实验数据分析,三极管三个电极电流具有如表1-8所列的关系。

表1-8 三极管三个电极电流关系

电流关系		说明
集电极与基极电流的关系	$I_C = \beta I_B$	集电极电流比基极电流大β倍,三极管的电流放大系数β一般大于几十,由此说明只要用很小的基极电流,就可以控制较大的集电极电流
三个电极电流之间的关系	$I_E = I_B + I_C = (1+\beta)I_B$	三个电流中,I_E最大,I_C其次,I_B最小。I_E和I_C相差不大,它们远比I_B大得多

综合以上情况,可得如下结论:

① 三极管电流放大作用的条件是:发射结正偏,集电结反偏。

② 三极管电流放大的实质是:基极电流对集电极电流具有小量控制大量的作用,表明晶体管是一种电流控制器件,具有电流放大作用。

1.2.3 三极管的共发射极特性曲线

所谓特性曲线,就是将三极管各电极之间电压、电流的关系在直角坐标平面上绘成的连续曲线。为了正确使用三极管,必须要掌握三极管的特性曲线,最常用的是共发射极接法时的输入特性曲线和输出特性曲线。可以用晶体管特性图示仪直接观察,也可通过图1-28所示的实验电路来测试。

1. 输入特性曲线

输入特性曲线是指当集电极与发射极之间的电压U_{CE}为某一常数时,输入回路中基极电流i_B与基-射极电压u_{BE}之间的关系曲线,如图1-29所示。

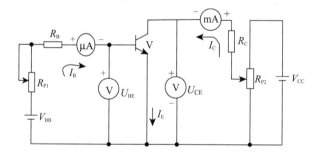

图1-28 三极管特性曲线测试电路   图1-29 三极管的输入特性曲线

三极管的输入特性曲线(见图1-29)与二极管的正向特性曲线相似,当发射结上所加正向电压U_{BE}小于死区电压时不产生I_B;当发射结的正向电压U_{BE}大于死区电压时产生I_B,这时三极管处于放大状态,发射结两端电压U_{BE},硅管为0.7 V,锗管为0.3 V。从图中看,三极管具有导通恒压特性,和二极管一样也是非线性元件。

2. 输出特性曲线

输出特性曲线是指当I_B一定时,输出回路中集电极与发射极之间的电压u_{CE}与集电极电流i_C之间的关系曲线,如图1-30所示。

每条曲线可分为线性上升、弯曲、平坦三部分,如图1-30(a)所示。对应不同I_B值可得不同的曲线,从而形成曲线簇。各条曲线上升部分很陡,几乎重合,平直部分则按I_B值由小到大从下往上排列,I_B的取值间隔均匀,相应的特性曲线在平坦部分也均匀,且与横轴平行,如

图1-30(b)所示。

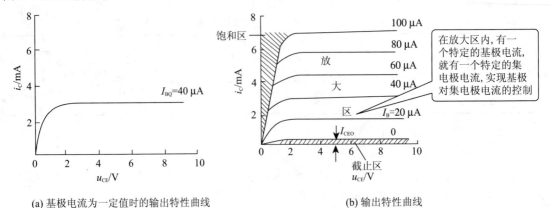

(a) 基极电流为一定值时的输出特性曲线　　(b) 输出特性曲线

图1-30　三极管的输出特性曲线

根据输出特性的形状,可将其分为三个区:放大区、截止区、饱和区,如表1-9所列。

表1-9　输出特性曲线的三个区域

类别	截止区	放大区	饱和区
范围	$I_B=0$ 曲线以下区域,几乎与横轴重合	平坦部分线性区,几乎与横轴平行	曲线上升和弯曲部分
条件	发射结反偏(或零偏),集电结反偏	发射结正偏,集电结反偏	发射结正偏,集电结正偏(或零偏)
特征	$I_B=0$,$I_C=I_{CEO}\approx 0$	① 当 I_B 一定时,I_C 的大小与 U_{CE} 基本无关(但 U_{CE} 的大小则随 I_C 的大小而变化),具有恒流特性 ② I_C 受 I_B 控制,具有电流放大作用,$I_C=\beta I_B$,$\Delta I_C=\beta \Delta I_B$	① 各电极电流都很大,I_C 不再受 I_B 控制 ② 三极管饱和时的 U_{CE} 值称为饱和管压降,记作 U_{CES}。小功率硅管的 U_{CES} 约为 0.3 V,锗管的 U_{CES} 约为 0.1 V
工作状态	截止状态 集电极与发射极之间等效电阻很大,相当于开路(开关断开)	放大状态 集电极与发射极之间等效电阻线性可变,相当于一只可变电阻,电阻的大小受基极电流大小控制。基极电流大,集电极与发射极间的等效电阻小,反之则大	饱和状态 集电极与发射极之间等效电阻很小,相当于短路(开关闭合)

　　根据三极管工作的三个区域又可划分为三种工作状态:放大状态、饱和状态和截止状态。其中,处在放大状态的三极管为放大元件;处在饱和和截止状态的三极管为开关元件。

　　在模拟电子电路中,三极管一般工作在放大状态,作为放大管使用;在数字电子电路中,三极管常作为开关管使用,工作于饱和和截止状态。

　　例1-8　已知三极管接在相应的电路中,测得三极管各电极的电位如图1-31所示,试判断这些三极管的工作状态。

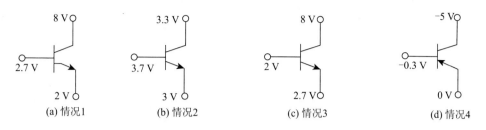

图 1-31 三极管各电极的电位

解：在图(a)中，因 $U_B>U_E$，发射结正偏，$U_C>U_B$，集电结反偏，所以图(a)中的三极管工作在放大状态。

在图(b)中，因 $U_B>U_E$，发射结正偏，$U_C<U_B$，集电结正偏，所以图(b)中的三极管工作在饱和状态。

在图(c)中，因 $U_B<U_E$，发射结反偏，$U_C>U_B$，集电结反偏，所以图(c)中的三极管工作在截止状态。

在图(d)中，三极管为 PNP 型三极管，因 $U_B<U_E$，发射结正偏，$U_C<U_B$，集电结反偏，所以图(d)中的三极管工作在放大状态。

例 1-9 若有一三极管工作在放大状态，测得各电极对地电位分别为 $U_1=2.7\text{ V}$，$U_2=4\text{ V}$，$U_3=2\text{ V}$。试判断三极管的管型、材料及三个引脚对应的电极。

解：根据放大条件分析，三个引脚中 U_1 介于 U_2 和 U_3 之间，所以第一步可判断引脚 1 为基极。第二步判断材料，U_1 与 U_2 之差既不等于 0.7 V，也不等于 0.3 V，而 U_1 与 U_3 之差等于 0.7 V，所以该三极管为硅管，并可知引脚 3 为发射极，引脚 2 为集电极。又因 $U_2>U_1>U_3$，所以该三极管为 NPN 型三极管。

1.2.4 三极管的主要参数

三极管的参数反映了三极管的性能和安全运用范围，是正确使用和合理选择三极管的依据。表 1-10 介绍了三极管的几个主要参数。

表 1-10 三极管的主要参数

类 型	参 数	符 号	说 明	选 管
电流放大系数	共射极直流电流放大系数	h_{FE}	三极管集电极电流与基极电流的比值，即 $h_{FE}=I_C/I_B$。反映三极管的直流放大能力	同一只三极管，在相同的工作条件下 $h_{FE}\approx\beta$，应用中不再区分，均用 β 来表示。β 太小，放大作用差；β 太大，性能不稳定，通常选用 β 在 30～100 的三极管
	共射极交流电流放大系数	β	三极管集电极电流的变化量与基极电流的变化量之比，即 $\beta=\Delta I_C/\Delta I_B$。反映三极管的交流放大能力	
极间反向电流	集电极—基极间的反向电流	I_{CBO}	发射极开路时，C—B 极间的反向电流	I_{CBO} 越小，集电结的单向导电性越好
	集电极—发射极间反向饱和电流	I_{CEO}	基极开路时($I_B=0$)，C—E 间的反向电流，又称"穿透电流"	$I_{CEO}=(1+\beta)I_{CBO}$，反映了三极管的稳定性。选三极管时，应选反向饱和电流小的三极管

续表 1-10

类型	参数	符号	说明	选管
极限参数	集电极最大允许电流	I_{CM}	集电极电流过大时,三极管的 β 值要降低,一般规定 β 值下降到正常值的 2/3 时的集电极电流为集电极最大允许电流	选用时,应满足 $I_{CM} \geqslant I_C$,否则三极管易损坏
	集电极—发射极间的反向击穿电压	$U_{(BR)CEO}$	基极开路时,加在 C 与 E 极间的最大允许电压	选用时,应满足 $U_{(BR)CEO} \geqslant U_{CE}$,否则易造成三极管击穿
	集电极最大允许耗散功率	P_{CM}	集电极消耗功率的最大限额。根据三极管的最高温度和散热条件来规定最大允许耗散功率 P_{CM},要求 $P_{CM} \geqslant I_C U_{CE}$。$P_{CM}$ 的大小与环境温度有密切关系,温度升高,则 P_{CM} 减小。对于大功率管,常在三极管上加散热器或散热片,从而提高 P_{CM}	选用时,应满足 $P_{CM} \geqslant I_C U_{CE}$,否则三极管会因过热而损坏

例如低频小功率三极管 3CX200B,其 β 值在 55~400 之间,$I_{CM} = 300$ mA,$U_{(BR)CEO} = 18$ V,$P_{CM} = 300$ mW。

根据三个极限参数 I_{CM},$U_{(BR)CEO}$,P_{CM} 可以从输出特性曲线确定三极管的安全工作区,如图 1-32 所示。三极管工作时必须保证其工作在安全区内,并留有一定余量。

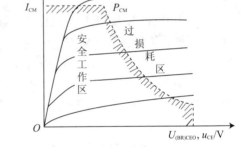

图 1-32 三极管最大损耗曲线

1.2.5 三极管的简易测试

1. 引脚识别

表 1-11 所列为常见三极管的引脚排列规律,供参考。

表 1-11 常见三极管的引脚分布规律

外形示意图	封装名称	说明
	S-1A S-1B	将半圆形底面朝下,引脚朝上,切口朝自己,从左向右依次为 E,B,C
	C 型 D 型	C 型有一个定位销,D 型无定位销。三根引脚呈等腰三角形分布,E,C 脚为底边
	S-6A S-6B S-7 S-8	将印有型号的一面朝向自己,且将引脚朝下,从左向右依次为 B,C 和 E
	F 型	将引脚朝上,且引脚靠近上安装孔,左面的一根是 B 极,右边的一根是 E 极,底板为 C 极

2. 用万用表检测三极管

(1) 确定基极和管型

如图 1-33 所示,万用表置 $R\times100$ 或 $R\times1k$ 挡,黑表笔接三极管任一引脚,用红表笔分别接触其余两个引脚,如果两次测得的阻值均较小(或均较大),则黑表笔所接引脚为基极。两次测得阻值均较小的是 NPN 型管,两次测得阻值均较大的是 PNP 型管。如果两次测得的阻值相差很大,则应调换黑表笔所接引脚再测,直到找出基极为止。

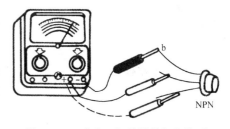

图 1-33 确定三极管的基极和管型

(2) 确定集电极和发射极

在确定基极后,如果是 NPN 型管,可将红、黑表笔分别接在两个未知电极上,表针应指向无穷大处,如图 1-34(a)所示。再用手把基极和黑表笔所接引脚一起捏紧(注意两极不能相碰,即相当于接入一个电阻),如图 1-34(b)所示,记下此时万用表测得的阻值。然后对调,用同样方法再测得一个阻值。比较两次结果,读数较小的一次黑表笔所接的引脚为集电极,红表笔所接为发射极。若两次测试表针均不动,则表明三极管已失去放大能力。

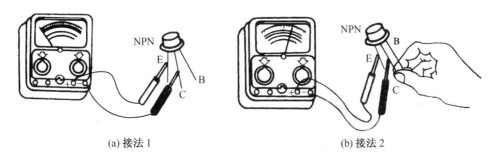

(a) 接法 1   (b) 接法 2

图 1-34 确定三极管的集电极和发射极

PNP 引脚的测试方法相似,但在测试时,应用手同时捏紧基极和红表笔所接引脚。按上述步骤测两次阻值,则读数较小的一次红表笔所接引脚为集电极,黑表笔所接引脚为发射极。

如果是用数字式万用表测量三极管,可先用 ▶| 挡,通过测得的 PN 结的正向压降小,发射结正向压降大,集电结正向压降小,可确定三极管的引脚和管型,然后再选择 NPN 或 PNP 挡,把三极管的引脚插入相应插孔,即可显示 h_{FE} 值。

1.3 场效应管

场效应晶体管又称场效应半导体管,简称场效应管。在三极管中,基极输入电流的大小直接影响输出电流的大小,这是一种电流控制型器件。场效应管则是一种电压控制型器件,它是利用输入电压产生的电场效应来控制输出电流的。

场效应管按其结构的不同分为结型和绝缘栅型两大类。其中绝缘栅型由于制造工艺简单,便于实现集成化,应用更为广泛。

场效应管常用 FET 表示。

1.3.1 绝缘栅场效应管

1. 结构和符号

绝缘栅场效应管简称 MOS 管,可用 MOSFET 表示。分为增强型(EMOS)和耗尽型(DMOS)两类,各类又有 P 沟道(PMOS)和 N 沟道(NMOS)两种。

以 N 沟道绝缘栅场效应管为例,其结构和图形符号如图 1-35 所示。

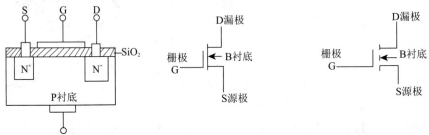

(a) N沟道MOS管的结构　　(b) N沟道耗尽型MOS管的图形符号　　(c) N沟道增强型MOS管的图形符号

图 1-35　N 沟道 MOS 管

N 沟道绝缘栅场效应管是以一块掺杂浓度较低的 P 型硅片作衬底,在上面制作出两个高浓度 N 型区(图中 N$^+$ 区),各引出两个电极:源极 S 和漏极 D。在硅片表面制作一层 SiO$_2$ 绝缘层,绝缘层上再制作一层金属膜作为栅极 G。由于栅极和其他电极及硅片之间是绝缘的,所以称绝缘栅场效应管。又由于它是由金属-氧化物-半导体(Metal-Oxide-Semiconductor)所组成的,故简称 MOS 场效应管。

场效应管的 S、G、D 极对应三极管的 E、B、C 极。B 表示衬底(有时也用 U 表示),一般与源极 S 相连。衬底箭头向内表示为 N 沟道,反之为 P 沟道。D 极和 S 极之间为三段断续线表示增强型,为连续线表示耗尽型。

2. N 沟道增强型 MOS 管的工作原理

在漏源极间加正向电压 U_{DS},当 $U_{GS}=0$ 时,漏源之间没有导电沟道,$i_D=0$,如图 1-36(a)所示。当 U_{GS} 增加至某个临界电压时,漏源之间形成导电沟道,产生漏极电流 i_D,如图 1-36(b)所示。这个临界电压称为开启电压,用 U_T 表示。显然,继续加大 U_{GS},导电沟道会越宽,i_D 也就越大。由于这种场效应管是依靠加上电压 u_{GS} 后才产生导电沟道的,所以称为增强型。

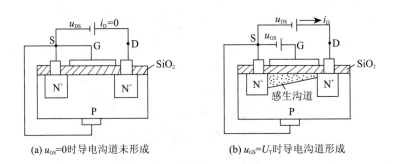

(a) $u_{GS}=0$时导电沟道未形成　　(b) $u_{GS}=U_T$时导电沟道形成

图 1-36　N 沟道增强型 MOS 管工作原理

3. N沟道增强型MOS管的特性曲线

(1) 转移特性曲线

转移特性曲线是指漏源电压U_{DS}为定值时,漏极电流i_D与栅源电压U_{GS}之间的关系曲线,如图1-37(a)所示。

当$u_{GS} < U_T$时,$i_D = 0$;当$u_{GS} > U_T$时,i_D随U_{GS}的增大而增大。在较小的范围内,可以认为U_{GS}和i_D呈线性关系,通过U_{GS}大小的变化,即电场的变化,可以控制i_D的变化。

(2) 输出特性曲线

输出特性曲线是指栅源电压U_{GS}为定值时,漏极电流i_D与漏源电压U_{DS}的关系曲线,如图1-37(b)所示。按场效应管的工作特性可将输出特性分为三个区域。

① 可变电阻区(Ⅰ区)。U_{DS}相对较小,i_D随U_{DS}增大而增大,U_{GS}增大,曲线变陡,说明输出电阻随U_{GS}的变化而变化,故称为可变电阻区。

② 放大区或饱和区(Ⅱ区)。又称恒流区。漏极电流基本不随U_{DS}的变化而变化,只随U_{GS}的增大而增大,体现了u_{GS}对i_D的控制作用。

③ 击穿区(Ⅲ区)。当u_{DS}增大到一定值时,场效应管内PN结被击穿,i_D突然增大,如无限流措施,管子将损坏。

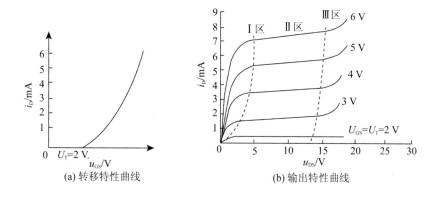

图1-37 N沟道增强型MOS管特性曲线

4. P沟道增强型MOS管

如果在制作MOS管时采用N型硅作衬底,漏源极为P型,则导电沟道为P型。P沟道增强型MOS管的结构及图形符号如图1-38所示。正常工作时,U_{DS}和U_{GS}都必须为负值。

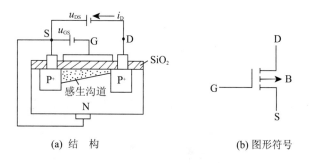

图1-38 P沟道增强型MOS管

5. 耗尽型 MOS 管

耗尽型 MOS 管在结构上与增强型 MOS 管相似,其不同点仅在于衬底靠近栅极附近存在着原导电沟道,因此,只要加上 U_{DS} 电压,即使 $U_{GS}=0$,管子也能导通,形成 i_D。其图形符号中 D 极与 S 极间用实线相连(增强型为断续线),即表明当 $U_{GS}=0$ 时导电沟道已形成。

以 N 沟道耗尽型 MOS 管为例,其转移特性和输出特性如图 1-39 所示。

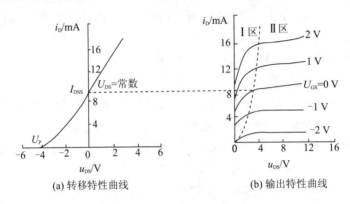

(a) 转移特性曲线 (b) 输出特性曲线

图 1-39 N 沟道耗尽型 MOS 管特性曲线

由图 1-39 可见,当 U_{DS} 一定,U_{GS} 由零增大时,i_D 相应增大;反之,当 U_{GS} 由零向负值方向增大时,i_D 相应减小。$i_D=0$ 时所对应的 U_{GS} 称为夹断电压,用 U_P 表示。实际上,夹断电压也可理解为导电沟道开始形成时的开启电压。

6. 主要参数

(1) 开启电压 U_T

指当 U_{DS} 为定值时,使增强型场效应管开始导通时的 U_{GS} 值。N 沟道管的 U_T 为正值,P 沟道管的 U_T 为负值。

(2) 夹断电压 U_P

指当 U_{DS} 为定值时,使耗尽型场效应管 i_D 减小到近似为零时的 u_{GS} 值。N 沟道管的 U_P 为负值,P 沟道管的 U_P 为正值。

(3) 饱和漏极电流 I_{DSS}

指当 $u_{GS}=0$,且 $u_{DS}>U_P$ 时,耗尽型场效应管所对应的漏极电流。

(4) 跨导 g_m

指当 U_{DS} 为定值时,i_D 的变化量与 u_{GS} 的变化量之比,即

$$g_m = \frac{\Delta i_D}{\Delta u_{GS}}$$

g_m 值的大小反映了栅源电压 U_{GS} 对漏极电流 i_D 的控制能力。

g_m 的单位是 S(西门子)或 mS。

(5) 漏极击穿电压 $U_{(BR)DS}$

$U_{(BR)DS}$ 即当 i_D 急剧上升时的 U_{DS} 值,它是漏源极间所允许加的最大电压。

1.3.2 结型场效应管

1. 结构和符号

结型场效应管(JFET)也可分 P 沟道和 N 沟道两种,其结构和图形符号如图 1-40 所示。

它所采用的是耗尽型工作方式,即当 $u_{GS}=0$ 时,$i_D \neq 0$。

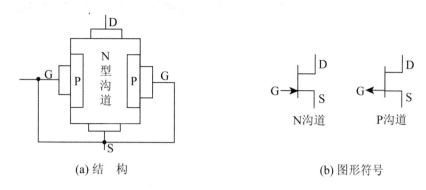

(a) 结 构　　　　　　　　　　(b) 图形符号

图 1-40　结型场效应管

2. 特性曲线

① 转移特性曲线。如图 1-41(a)所示,当栅源电压 $u_{GS}=0$ 时,漏极电流为 I_{DSS}(漏极饱和电流);u_{GS} 负压越高,导电沟道越窄,电阻增大,i_D 减小;当 u_{GS} 达到夹断电压 U_P 时,$i_D=0$。

② 输出特性曲线。如图 1-41(b)所示,也可分为可变电阻区(Ⅰ区)、放大区(Ⅱ区)和击穿区(Ⅲ区)。

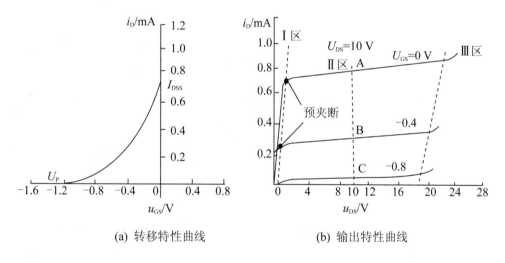

(a) 转移特性曲线　　　　　　(b) 输出特性曲线

图 1-41　N 沟道结型场效应管特性曲线

1.3.3　各种场效应管的特性比较

现将各种场效应管的图形符号及其特性列于表 1-12 中。

由表 1-12 可见,对于绝缘栅场效应管,无论增强型还是耗尽型,只要是 N 沟道器件,u_{DS} 应为正值,衬底接最低电位,u_{GS} 越向正值方向增大,i_D 越大;只要是 P 沟道器件,u_{DS} 应为负值,衬底接最高电位,u_{GS} 越向负值方向增大,i_D 越大。对于增强型器件,如果是 N 沟道,u_{GS} 应为正值;如果是 P 沟道,u_{GS} 应为负值。对于耗尽型器件则 u_{GS} 可正可负可零。

结型场效应管采用耗尽型工作方式,对于 N 沟道器件,u_{GS} 应为负值;对于 P 沟道器件,u_{GS} 应为正值。u_{DS} 的选择与绝缘栅型场效应管相似。

表 1-12 各种场效应管特性比较

结构种类	工作方式	图形符号	电压极性 U_P 或 U_T	电压极性 U_{DS}	转移特性 $i_D=f(u_{GS})$	输出特性 $i_D=f(u_{DS})$
绝缘栅（MOSFET）N 沟道	耗尽型	G⊢D/S	−	+		
	增强型	G⊢D/S	+	+		
绝缘栅（MOSFET）P 沟道	耗尽型	G⊢D/S	+	−		
	增强型	G⊢D/S	−	−		
结型（JFET）P 沟道	耗尽型	G⊢D/S	+	−		
结型（JFET）N 沟道	耗尽型	G⊢D/S	−	+		

本章小结

1. 半导体中有两种载流子：自由电子和空穴。半导体的导电特性与温度、光照等环境因素密切相关。

2. 杂质半导体按掺杂不同可分 P 型半导体和 N 型半导体。P 型半导体中空穴是多数载流子，电子是少数载流子；N 型半导体中电子是多数载流子，空穴是少数载流子。

3. 二极管由一个 PN 结构成，其最主要的特性是单向导电性，具有正向导通、反向截止的特点，属于非线性器件。选用二极管必须考虑最大整流电流、最高反向工作电压两个主要参数，高频工作时还应考虑最高工作频率。

4. 利用二极管的单向导电性可以组成整流电路，实现将交流电转换成脉动直流电的功能。

5. 稳压二极管工作于反向击穿状态才能起稳压作用。这时，即使流过稳压管的电流在很大范围内变化，稳压管两端的电压也几乎不变。为了保证反向电流不超过允许范围，必须在电路中串接限流电阻。稳压管具有正向导通、反向稳压的特点。

6. 发光二极管将电信号转换为光信号,光电二极管将光信号转换为电信号,光电耦合器则可实现"电—光—电"的转换。光电二极管工作时应加反向电压。

7. 三极管是一种电流控制器件,基极电流控制集电极电流。它有两个 PN 结,即发射结和集电结。三极管在发射结正偏、集电结反偏的条件下,具有电流放大作用;在发射结与集电结均反偏时,处于截止状态,相当于开关断开;在发射结和集电结均正偏时,处于饱和状态,相当于开关闭合。属于非线性器件。三极管的放大功能和开关功能在实际电路中都有广泛的应用。

8. 三极管的特性曲线反映了三极管各极之间电流与电压的关系。三极管的参数 β 表示电流放大能力,I_{CBO},I_{CEO} 表明三极管的温度稳定性,I_{CM},P_{CM},$U_{(BR)CEO}$ 规定了三极管的安全工作范围。

9. 场效应管是一种电压控制器件,其分类如下:

$$\text{场效应管}\begin{cases}\text{结型}\begin{cases}\text{N 沟道}\\ \text{P 沟道}\end{cases}\text{耗尽型}\\ \text{绝缘栅型}\begin{cases}\text{N 沟道}\begin{cases}\text{增强型}\\ \text{耗尽型}\end{cases}\\ \text{P 沟道}\begin{cases}\text{增强型}\\ \text{耗尽型}\end{cases}\end{cases}\end{cases}$$

10. 场效应管利用栅源极间电压 u_{GS} 控制漏极电流 i_D。场效应管的基本特性主要由转移特性和输出特性来描述。跨导 g_m 是表征场效应管输入电压对输出电流控制能力的重要参数。

11. 场效应管具有高输入电阻和低噪声等优点,常用于放大器的输入级。

习　　题

1. 在题图 1-1 所示各电路中,哪一个指示灯不亮?

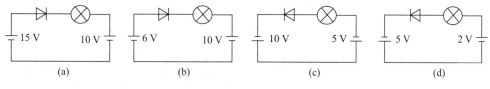

题图 1-1

2. 题图 1-2 所示电路中,哪几个指示灯可能发亮?

3. 测量电流时,为保护线圈式电表的表头不致因接错直流电源极性或通过电流太大而损坏,常在表头处串联或并联一个二极管,如题图 1-3(a)、(b)所示。试分别说明为什么这两种接法的二极管都能对表头起保护作用。

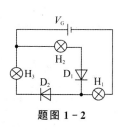

题图 1-2

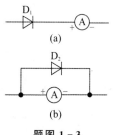

题图 1-3

4. 题图1-4(a),(b)所示两个电路中,设 D_1,D_2 均为理想二极管(即正向导通时其正向压降为零,反向截止时其反向电流为零的二极管)。试判断题图1-4(a),(b)电路中二极管是导通还是截止,并求 U_{AB} 和 U_{CD}。

5. 分别测得两个放大电路中三极管的各电极电位如题图1-5(a),(b)所示。
① 试判断三极管的引脚,并在各电极上注明 E,B,C。
② 试判断是 NPN 管还是 PNP 管,硅管还是锗管。

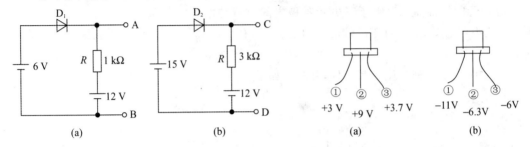

题图 1-4　　　　　　　　　　　题图 1-5

6. 题图1-6(a),(b)两个电路中,设 D_1,D_2 均为理想二极管。试根据题图1-6表(a)和题图1-6表(b)所给出的输入值,判断二极管的状态,确定 u_o 的值,并将结果填入表中。

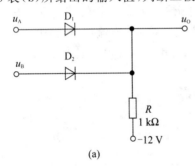 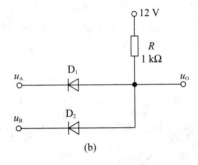

题图 1-6

题图 1-6 表(a)

u_A/V	u_B/V	u_1	u_2	u_o/V
0	0			
0	3			
3	0			
3	3			

题图 1-6 表(b)

u_A/V	u_B/V	u_1	u_2	u_o/V
0	0			
0	3			
3	0			
3	3			

7. 测得某电路中几个三极管各极电位如题图1-7所示,试判断各管处于何种工作状态。

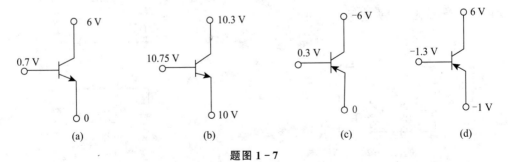

题图 1-7

8. 一只在电路中正常放大的三极管,测出三个电极对地电位分别为:$V_1=-9$ V,$V_2=-6$ V,$V_3=-6.3$ V,试判断三极管的各个极、三极管类型及制作材料。

9. 题图 1-8 所示为两种常用的光电开关,试分别简述其工作原理。

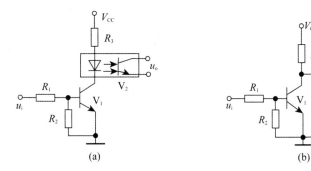

题图 1-8

10. 在题图 1-9 中,R 是限流电阻,以限制通过稳压管的电流不超过最大稳定电流。求题图 1-9 的电路中通过稳压管的电流 I_z,并检验限流电阻值是否合适。

11. 某三极管的极限参数 $I_{CM}=20$ mA,$P_{CM}=100$ mW,$U_{(BR)CEO}=15$ V。试问在下列条件下,三极管能否正常工作?

① $U_{CE}=2$ V,$I_C=40$ mA;
② $U_{CE}=3$ V,$I_C=19$ mA;
③ $U_{CE}=4$ V,$I_C=30$ mA;
④ $U_{CE}=6$ V,$I_C=20$ mA。

题图 1-9

12. 有两个三极管,A 管 $\beta=60$,$I_{CBO}=2$ μA;B 管 $\beta=80$,$I_{CBO}=12$ μA,如果其他参数均相同,应选用哪只管子较好?为什么?

13. 在题图 1-10 中,用万用表测二极管正向电阻,黑表棒应接在_____端,红表棒应接在_____端,量程应选在_____挡或_____挡测量,若阻值很大,表明该二极管内部_____。

题图 1-10

14. 二极管的类型按材料分有_____和_____两类。

15. 半导体是一种导电能力介于_____与_____之间的物质。

16. 二极管只要加正向电压就一定导通,对吗?

17. 由于 PN 结存在内电场,如果将 PN 结两端与一个电流表短接,电流表中应有电流通过,对吗?

18. 画出下列场效应管的图形符号:

① N 沟道增强型绝缘栅场效应管;
② P 沟道耗尽型绝缘栅场效应管;
③ P 沟道结型绝缘栅场效应管。

第 2 章 放大器基础

放大器的主要功能是将输入信号不失真地放大。它在各种电子设备中应用极广,种类也很多。按处理的信号频率高低可分为低频放大器、中频放大器、高频放大器和直流放大器;按用途不同可分为电压放大器、电流放大器和功率放大器;按处理的信号强弱又可分为小信号放大器和大信号放大器。

本章主要讨论低频小信号电压放大器的基本组成和性能特点,频率在 20 Hz~20 kHz 范围。

2.1 共发射极基本放大器

2.1.1 电路组成

1. 放大器组成及各元件的作用

三极管的主要用途之一是利用其放大作用组成放大电路。用三极管组成放大器时,根据公共端(电路中各点电位的参考点)的不同,有三种连接方式,即共发射极电路、共集电极电路和共基极电路。图 2-1 所示为应用最广的共发射极基本放大器。图 2-1(a)所示为采用双电源供电的共发射极基本放大器。为了简化电路,在实际应用中常采用单电源供电,如图 2-1(b)所示。习惯画成如图 2-1(c)所示的电路形式。外加信号从基极和发射极间(1-1′)输入,输出信号从集电极和发射极间(2-2′)输出。输入电压 u_i、输出电压 u_o 的公共端在电路中用"⊥"表示,作为电位的参考点。直流电源 $+V_{CC}$ 表示该点相对"⊥"的电位为 $+V_{CC}$。放大器各元件的作用如表 2-1 所列。

实现放大的条件如下:
① 三极管必须偏置在放大区,即发射结正偏,集电结反偏。
② 正确设置静态工作点 Q,使整个波形处于放大区。
③ 输入回路将变化的电压转化成变化的基极电流。
④ 输出回路将变化的 i_C 转化成变化的 u_{CE},经电容滤波只输出交流信号。

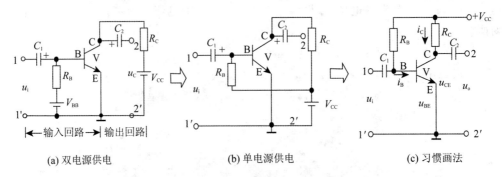

(a) 双电源供电 (b) 单电源供电 (c) 习惯画法

图 2-1 共发射极基本放大器

表 2-1 放大器各元件的作用

符号	名称	主要作用
V	三极管	具有电流放大作用,可以将微小的基极电流转换成较大的集电极电流,它是放大器的核心
V_{CC}	直流电源	一是为电路提供能源;二是为电路提供工作电压;三是保证发射结正偏,集电结反偏
R_B	基极电阻	使发射结处于正向偏置,提供大小适当的基极电流 I_{BQ},使放大电路不失真地放大。R_B 的阻值一般是几十千欧至几百千欧之间
R_C	集电极电阻	将三极管的电流放大作用变换成电压放大作用。R_C 的取值一般是几千欧至几十千欧之间
C_1,C_2	耦合电容	一是隔直流,C_1 隔断信号源与放大电路的直流通路,C_2 隔断放大电路与负载之间的直流通路,也就是说信号、放大、负载三者之间无直流联系。二是通交流,当 C_1,C_2 的电容量足够大时,它们对交流信号呈现的容抗很小,可近似看作短路,这样可使交流信号顺利地通过。C_1,C_2 选用容量一般为几微法至几十微法的电解电容

2. 放大器中电压、电流符号及正方向的规定

在没有信号输入时,放大器中三极管各电极电压、电流均为直流。当有信号输入时,电路中两个电源(直流电源和信号源)共同作用,电路中的电压和电流是两个电源单独作用时产生的电压、电流的叠加量(即直流分量与交流分量的叠加)。为了清楚地表示不同的物理量,现将电路中出现的有关电量的符号列举出来,如表 2-2 所列。

表 2-2 电压、电流符号的规定

物理量	表示符号
直流量	用大写字母带大写下标,如:I_B,I_C,I_E,U_{BE},U_{CE}
交流量	用小写字母带小写下标,如:i_b,i_c,i_e,u_{be},u_{ce},u_i,u_o
交直流叠加量	用小写字母带大写下标,如:i_B,i_C,i_E,u_{BE},u_{CE}
交流分量的有效值	用大写字母带小写下标,如:I_b,I_c,I_e,U_{be},U_{ce}

电压方向用"+""-"表示,电流方向用箭头表示。

3. 静态工作点的设置

(1) 静态工作点

放大电路有两种工作状态:静态和动态。所谓静态是指放大器在没有交流信号输入(即 $u_i=0$)时的工作状态。静态分析就是为了确定放大电路的静态工作点 I_B,I_C,U_{CE}。静态值分别在输入/输出特性曲线上对应着一点,记作 Q。如图 2-2 所示为在输出特性曲线上对应的 Q 点。通常把 Q 点称为静态工作点,Q 点对应的三个量分别用 I_{BQ},I_{CQ} 和 U_{CEQ} 表示。

(2) 静态工作点的作用

为使放大器正常工作,放大器必须有一个合适的静态工作点,首先必须有一个合适的偏置电流(简称"偏流")I_{BQ}。

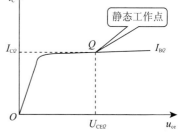

图 2-2 静态工作点

若不接基极电阻 R_B,则三极管发射结无偏置电压,如图 2-3(a)所示。这时,偏置电流 $I_{BQ}=0$,$I_{CQ}=0$,静态工作点在坐标原点。当输入电压 u_i 时,三极管的发射结等效为一个二极管,如图 2-3(b)所示。当 u_i 为正半周时,三极管发射结正向偏置。由于三极管的输入特性曲线同二极管一样存在死区,所以只有当输入信号电压超过死区电压时,三极管才能导通,产生基极电流 i_B;当输入信号电压 u_i 为负半周时,发射结反向偏置,三极管截止,$i_B=0$。基极电流随输入信号电压变化的波形如图 2-3(c)所示。显然,基极电流 i_B 产生了失真。

若接上基极电阻 R_B,则电源 V_{BB} 通过 R_B 在三极管基极与发射极间加上偏置电压 U_{BEQ},产生一定的基极电流 I_{BQ},如图 2-4(a)所示。U_{BEQ} 和 I_{BQ} 在输入特性曲线上确定一点 Q,该点即为放大器的静态工作点,如图 2-4(c)所示。若设置了合适的静态工作点,当输入信号电压 u_i 时,则 u_i 与静态时三极管基极与发射极间的电压 U_{BEQ} 叠加为三极管的发射结两端电压;若发射结两端电压始终大于三极管的死区电压,那么在输入电压的整个周期内三极管始终处于导通状态,即放大器的输出电压 u_o 随输入电压 u_i 的变化能不失真地放大。

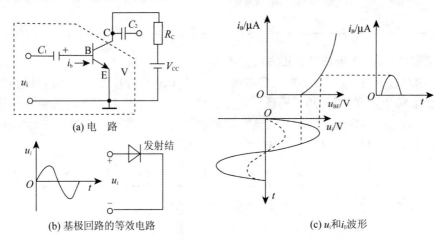

图 2-3 未设静态工作点的放大器

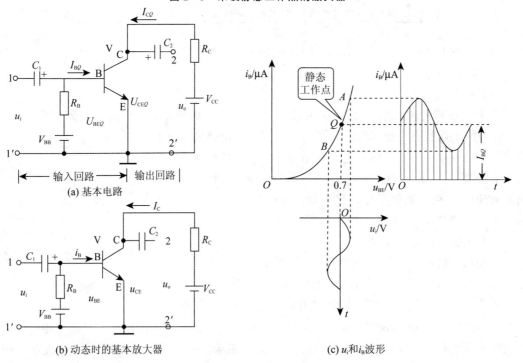

图 2-4 具有合适静态工作点的放大器

由此可见,一个放大器必须设置合适的静态工作点,这是放大器能不失真放大交流信号的必要条件。

2.1.2 工作原理

上面讨论了共发射极基本放大器的组成及元器件的作用,明确了设置静态工作点的意义。下面讨论共发射极基本放大器的放大原理,即讨论给放大器输入一个交流信号电压,经放大器放大输出交流信号的动态分析。

① 输入信号 $u_i=0$ 时,输出信号 $u_o=0$,这时在直流电源电压 V_{CC} 作用下通过 R_B 产生了 I_{BQ},经三极管放大得到 I_{CQ},I_{CQ} 通过 R_C 在三极管的 C—E 极间产生了 U_{CEQ}。I_{BQ},I_{CQ},U_{CEQ} 均为直流量。

② 若输入信号电压 u_i,通过电容 C_1 送到三极管的基极和发射极之间,与直流电压 U_{BEQ} 叠加,这时基极总电压为

$$u_{BE}=U_{BEQ}+u_i$$

在 u_i 的作用下产生基极电流 i_b,这时基极总电流为

$$i_B=I_{BQ}+i_b$$

i_B 经三极管的电流放大,这时集电极总电流为

$$i_C=I_{CQ}+i_c$$

i_C 在集电极电阻 R_C 上产生电压降 $i_C R_C$,使集电极电压为 $u_{CE}=V_{CC}-i_C R_C$

经变换: $u_{CE}=V_{CC}-(I_{CQ}+i_c)R_C=U_{CEQ}+(-i_c R_C)$

即 $u_{CE}=U_{CEQ}+u_{ce}$

由于电容 C_2 的隔直作用,在放大器的输出端只有交流分量 u_{ce} 输出,输出的交流电压为

$$u_o=u_{ce}=-i_c R_C$$

式中,负号表示输出的交流电压 u_o 与 i_c 相位相反。

只要电路参数能使三极管工作在放大区,则 u_o 的变化幅度将比 u_i 变化幅度大很多倍,由此说明该放大器对 u_i 进行了放大。

电路中,u_{BE},i_C 和 u_{CE} 都是随 u_i 的变化而变化,它的变化作用顺序如下:

$$u_i \rightarrow u_{BE} \rightarrow i_B \rightarrow i_C \rightarrow u_{CE} \rightarrow u_o$$

放大器动态工作时,各电极电压和电流的工作波形,如图 2-5 所示。

从工作波形可以看出:

① 输出电压 u_o 的幅度比输入电压 u_i 的幅度大,说明放大器实现了电压放大。u_i,i_b,i_c 三者频率相同,相位相同,而 u_o 与 u_i 相位相反,说明共发射极放大器具有"反相"放大作用。

② 动态时,u_{BE},i_B,i_C,u_{CE} 都是直流分量和交流分量的叠加,波形也是两种分量的合成。

③ 虽然动态时各部分电压和电流大小随时间变化,但方向却始终保持和静态时一致。所以静态工作点 I_{BQ},I_{CQ},U_{CEQ} 是交流放大的基础。

必须注意:不能简单地认为,只要对输入电压进行了放大就是放大器。从本质上说,上述电压放大作用是一种能量转换作用,即在很小的输入信号能量控制下,将电源的直流能量转变成了较大的输出信号能量。放大器的输出功率必须比输入功率要大,否则不能算是放大器。例如升压变压器可以增大电压幅度,但由于它的输出功率总比输入功率小,因此就不能称它为放大器。

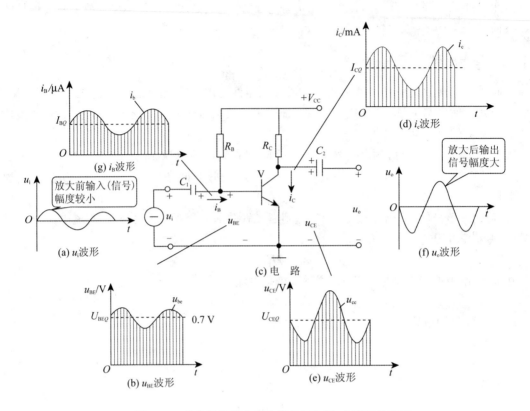

图 2-5 共发射极基本放大器各极电压、电流工作波形

2.2 放大器的分析方法

对放大器进行定量分析,常用的分析方法是估算法和图解法。现以共发射极放大器为例加以说明,其他接法的放大器或更为复杂的放大器也同样适用。

2.2.1 估算法

已知电路各元器件的参数,利用公式通过近似计算来分析放大器性能的方法称为估算法。在分析低频小信号放大器时,一般采用估算法较为简便。

当放大器输入交流信号后,放大器中总是同时存在着直流分量和交流分量两种成分。由于放大器中通常都存在电抗性元件,所以直流分量和交流分量的通路是不一样的。在进行电路分析和计算时注意把两种不同分量作用下的通路区别开来,这样将使电路的分析更方便。

1. 估算静态工作点

静态分析的目的是求出电路的静态工作点,分析方法是利用直流通路计算放大电路的静态工作点。所谓直流通路是指直流信号流通的路径。因电容具有隔直作用,所以在画直流通路时,把电容看作断路。例如图 2-6(b)为图 2-6(a)基本放大器的直流通路。由直流通路可推导出有关估算静态工作点的公式,如表 2-3 所列。

表 2-3 估算静态工作点

静态工作点		说　明
基极偏置电流	$I_{BQ} = \dfrac{V_{CC} - U_{BEQ}}{R_B} \approx \dfrac{V_{CC}}{R_B}$	三极管 U_{BEQ} 很小(硅管为 0.7 V，锗管为 0.3 V)，与 V_{CC} 相比可忽略不计
静态集电极电流	$I_{CQ} \approx \beta I_{BQ}$	根据三极管的电流放大原理
静态集电极电压	$U_{CEQ} = V_{CC} - I_{CQ} R_C$	根据回路电压定律

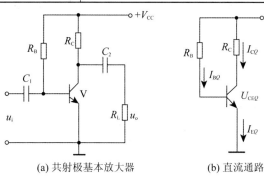

(a) 共射极基本放大器　　　　(b) 直流通路

图 2-6　放大电路

2. 估算放大器的输入电阻、输出电阻和电压放大倍数

　　动态分析的目的是确定放大电路的电压放大倍数、输入电阻和输出电阻，而分析方法则用交流通路来分析。所谓交流通路是指交流信号流通的路径。因电容通交流，而直流电源的内阻又很小，所以画交流通路的原则是把直流电源和电容视为交流短路。图 2-7(b)为图 2-7(a)的交流通路。为了研究问题简便起见，三极管在低频小信号时，基极和发射极间用线性电阻 r_{be} 来等效，集电极和发射极间可等效为一恒流源，恒流源的电流大小为 βi_b，方向与集电极电流 i_c 的方向相同。等效后的电路如图 2-7(c)所示。

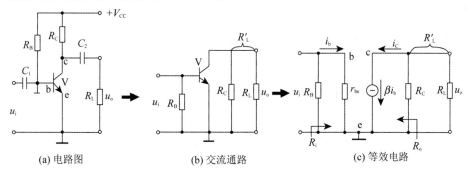

(a) 电路图　　　　(b) 交流通路　　　　(c) 等效电路

图 2-7　放大器的等效电路

　　对于低频小功率管可用下式求 r_{be}：

$$r_{be} = 300\ \Omega + (1+\beta)\dfrac{26\ \text{mA}}{I_{EQ}}$$

式中，I_{EQ} 为静态时发射极电流，单位为 mA。

　　一般情况下，r_{be} 为 1 kΩ 左右。

　　(1) 输入电阻

　　放大器的输入电阻是指从放大器的输入端看进去的交流等效电阻。由等效电路图 2-7(c)

可得
$$R_i = R_B \mathbin{/\!/} r_{be}$$

式中,"$/\!/$"表示 R_B 与 r_{be} 是并联关系。

因为 $R_B \gg r_{be}$,所以
$$R_i \approx r_{be}$$

对信号源来说,放大器是其负载,输入电阻 R_i 表示信号源的负载电阻,如图 2-8 所示。一般情况下,希望放大器的输入电阻尽可能大些,这样,向信号源(或前一级电路)吸取的电流越小,取得的信号电压 u_i 就越大,有利于减轻信号源的负担。但从上式可以看出,共发射极放大器的输入电阻是比较小的。

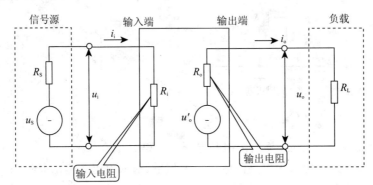

图 2-8 放大器的输入电阻和输出电阻

(2) 输出电阻

对负载来说,放大器又相当于一个具有内阻的信号源,这个内阻就是放大器的输出电阻,如图 2-8 所示。当负载发生变化时,输出电压发生相应的变化,说明放大器的带负载能力差。因此,为了提高放大器的负载能力,应设法降低放大器的输出电阻。但是从放大器等效电路图 2-7(c)可看出共发射极放大器的输出电阻是比较大的,用公式表示为
$$R_o \approx R_C$$

(3) 电压放大倍数

放大器的电压放大倍数是指输出电压 u_o 与输入电压 u_i 的比值,即
$$A_u = u_o / u_i$$

由等效电路图 2-7(c)可看出

输入信号电压:
$$u_i = i_b r_{be}$$

输出信号电压:
$$u_o = -i_c R_L' = -\beta i_b R_L'$$

式中,$R_L' = R_C \mathbin{/\!/} R_L$ 为放大器的等效负载电阻,则
$$A_u = -\frac{\beta R_L'}{r_{be}}$$

当放大器不带负载(即空载)时,上式中 $R_L' = R_C$,即放大器空载时的电压放大倍数为
$$A_u = -\frac{\beta R_C}{r_{be}}$$

例 2-1 在共发射极基本放大器中,设 $V_{CC}=12$ V,$R_B=300$ kΩ,$R_C=2$ kΩ,$\beta=50$,$R_L=2$ kΩ。试求静态工作点、输入电阻 R_i、输出电阻 R_o 和电压放大倍数。

解:

静态偏置电流
$$I_{BQ} \approx \frac{V_{CC}}{R_B} = \frac{12}{300} \text{ mA} = 0.04 \text{ mA} = 40 \text{ μA}$$

静态集电极电流
$$I_{CQ} \approx \beta I_{BQ} = 50 \times 0.04 \text{ mA} = 2 \text{ mA}$$

静态集电极电压
$$U_{CEQ} = V_{CC} - I_{CQ}R_C = (12 - 2 \times 2) \text{V} = 8 \text{ V}$$

三极管的交流输入电阻
$$r_{be} = 300 \text{ Ω} + (1+\beta)\frac{26 \text{ mA}}{I_{EQ}} = 300 \text{ Ω} + (1+50)\frac{26 \text{ mA}}{2 \text{ mA}} = 950 \text{ Ω} \approx 0.95 \text{ kΩ}$$

放大器的输入电阻
$$R_i \approx r_{be} = 0.95 \text{ kΩ}$$

放大器的输出电阻
$$R_o \approx R_C = 2 \text{ kΩ}$$

等效负载电阻
$$R_L' = \frac{R_C R_L}{R_C + R_L} = 1 \text{ kΩ}$$

放大器的电压放大倍数
$$A_u = \frac{\beta R_L'}{r_{be}} = -\frac{50 \times 1}{0.95} = -53$$

2.2.2 图解法

图解法是指利用三极管的输入/输出特性曲线,通过作图来分析放大器性能的方法。

1. 图解分析放大器的静态工作点

(1) 输入回路的图解法

在图 2-9(a)所示电路中,由 $V_{CC} \to R_B \to$ 三极管 B 极 $\to$ 三极管 E 极 $\to$ 地构成的回路为直流输入回路。由直流输入回路,利用近似估算法可求 $I_{BQ} \approx \frac{V_{CC}}{R_B}$。也可根据在输入特性曲线上过 U_{BEQ} 作垂直于横轴的直线,该直线与输入特性曲线的交点即为静态工作点 Q,该点的纵轴坐标即为 I_{BQ}。

(2) 输出回路的图解法

图 2-6(a)所示电路中,由 $V_{CC} \to R_C \to$ 三极管 C 极 $\to$ 三极管 E 极 $\to$ 地构成的回路为直流输出回路。

图 2-6(b)所示的直流通路可画成如图 2-9(a)所示的电路形式。假设它由虚线 A,B 暂时隔成两部分,虚线左边是三极管,C 和 E 极间电压 U_{CE} 和集电极电流 I_C 的关系,按三极管输出特性曲线所描述的规律变化。虚线右边是集电极电阻 R_C 和电源 V_{CC} 组成的串联电路,由回路电压定律可知:

$$U_{CE}=V_{CC}-I_C R_C$$

对于一个给定的放大器来说,该方程为一直线方程式,可以在 $U_{CE}-I_C$ 坐标系中画出这条直线,这条直线称为直流负载线,斜率为 $-1/R_C$。

画直流负载线的方法与数学上画直线的方法相同,如图 2-9(b)所示。

直流负载线与 I_{BQ} 所在的输出特性曲线的交点即为静态工作点 Q,如图 2-9(c)所示。

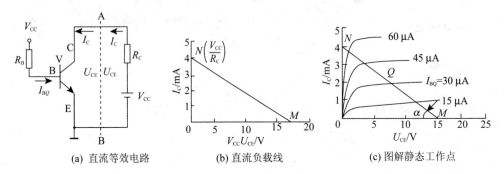

(a) 直流等效电路　　(b) 直流负载线　　(c) 图解静态工作点

图 2-9　作直流负载线确定静态工作点

图解分析放大器的静态工作点的步骤如下:
① 求 I_{BQ};
② 作输出特性图;
③ 列直流输出回路中关于 I_C 与 U_{CE} 的线性方程式;
④ 作直流负载线;
⑤ 直流负载线与 I_{BQ} 所在特性曲线的交点即为静态工作点 Q。

例 2-2　电路如图 2-9(a)所示,已知 $V_{CC}=15\text{ V}$,$R_B=500\text{ k}\Omega$,$R_C=4\text{ k}\Omega$,三极管的特性曲线如图 2-9(c)所示。试利用图解法求电路的静态工作点。

解: 静态基极静态点电流

$$I_{BQ}\approx\frac{V_{CC}}{R_B}=\frac{15}{500}\text{ mA}=0.03\text{ mA}=30\text{ μA}$$

作输出特性图,如图 2-10(a)所示。

列出输出回路中关于 I_C 与 U_{CE} 的线性方程式

$$U_{CE}=V_{CC}-I_C R_C=15\text{ V}-4\text{ k}\Omega\times I_C$$

作直流负载线,如图 2-10(b)所示。

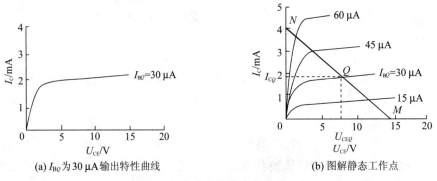

(a) I_{BQ} 为 30 μA 输出特性曲线　　(b) 图解静态工作点

图 2-10　作直流负载线确定静态工作点

直流负载线与 I_{BQ} 所在的输出特性曲线的交点 Q 即为静态工作点,如图 2-10(b)所示。$I_{BQ}=30~\mu A$,$I_{CQ} \approx 2~mA$,$U_{CEQ} \approx 7~V$。

2. 静态工作点的调整

由以上分析可知,静态工作点的位置与 V_{CC},R_B,R_C 大小有关。V_{CC},R_B,R_C 三个参数中任一个改变,静态工作点都将会发生相应的变化,如表 2-4 所列。

表 2-4 静态工作点与电路参数的关系

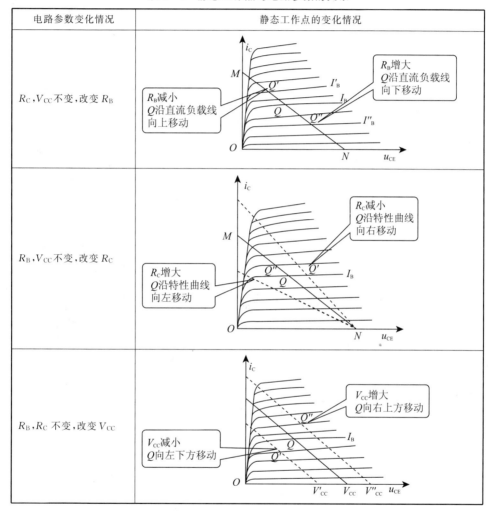

在实际应用中,调整静态工作点的位置,一般不采用改变 R_C 和 V_{CC} 来实现,而是通过改变 R_B 的阻值来实现。如图 2-11 所示电路为实际的基本放大器。

3. 图解分析放大器的动态工作情况

动态分析时要注意晶体管的各个电流、电压不仅有交流成分,而且还有直流成分,即交流、直流共存。也就是说,电路中的电流、电压应是交流分量与直流分量的叠加。

由交流通路可知 $u_{ce}=-i_c R'_L$,这是一直线方程,直线的斜率为 $-1/R'_L$,这时的直线称为交流负载线。

静态工作点 Q 是指无信号输入时的工作点,也可以理解为输入信号为零时的动态工作点,所以放大器的交流负载线经过静态工作点。

交流负载线的做法:先作交流负载线的辅助线。根据 $U_{CE}=V_{CC}-I_CR'_L$ 可得,辅助线与横轴的交点坐标为 $N(V_{CC},0)$,与纵轴的交点坐标为 $L(0,V_{CC}/R'_L)$,如图 2-12 所示。然后过 Q 点作辅助线的平行线,即为交流负载线。

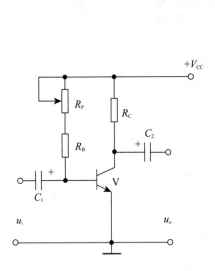

图 2-11 实际的基本放大器

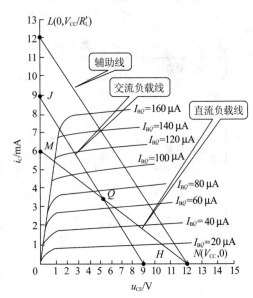

图 2-12 图解分析放大器的交流负载线

已知输入电压 $u_i=U_{in}\sin\omega t$,在输入特性曲线上,u_{BE} 将以 U_{BEQ} 为基础,随 u_i 的变化而变化,如图 2-13 所示。可见,对应的基极电流 i_B 也将以 I_{BQ} 为基础而变化,在最大基极电流 $I_{b,max}$ 和最小基极电流 $I_{b,min}$ 之间变化。

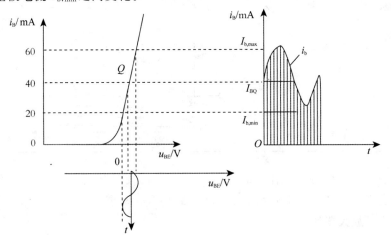

图 2-13 放大器输入图解分析

在输出特性曲线上找出 I_{BQ} 及 $I_{b,min}$ 和 $I_{b,max}$ 对应的特性曲线和交流负载线的交点,可得到相对应的集电极电流的变化范围及集电极与发射极间电压的变化范围,如图 2-14 所示。

根据输入交流电压 U_{in},再由图 2-14 求出输出电压 U_{om},则根据电压放大倍数的定义可

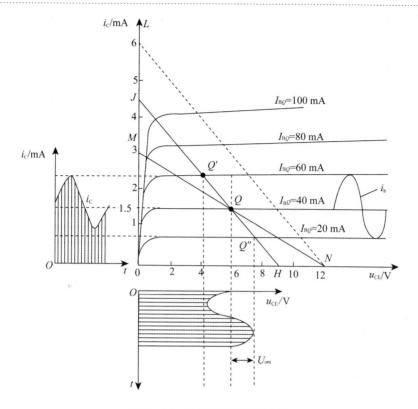

图 2-14 放大器输出图解分析

求出

$$A_u = U_{om}/U_{in}$$

由图解分析可知：u_o 与 u_i 相位相反，这是单管共射极放大电路的重要特点。

4. 波形失真与静态工作点的关系

按图 2-15(a)所示做实验。由信号发生器输入适当的正弦波信号，调整静态工作点，观察示波器上输出信号的变化情况。

(1) 工作点偏高易引起饱和失真

输出信号波形负半周被部分削平，这种现象称为"饱和失真"。

产生饱和失真的原因是 Q 点偏高。如图 2-15(b)所示中的 Q' 点，输入信号的正半周的一部分进入饱和区，使输出信号的负半周被部分削平。

消除失真的方法是增大 R_B，减小 I_{BQ}，使 Q 点适当下移。

(2) 工作点偏低易引起截止失真

输出信号的正半周被部分削平，这种现象称为截止失真。

产生截止失真的原因是由于 Q 点偏低。如图 2-15(b)所示中的 Q'' 点，输入信号电压负半周有一部分进入截止区，使输出信号电压正半周被部分削平。

消除截止失真的方法是，减小 R_B，增大 I_{BQ}，使 Q 点适当上移。

饱和失真和截止失真均是因为三极管工作于特性曲线的非线性部分（饱和区截止区），所以统称为非线性失真。

为使输出信号电压最大且不失真，必须使工作点有较大的动态范围，通常将静态工作点设

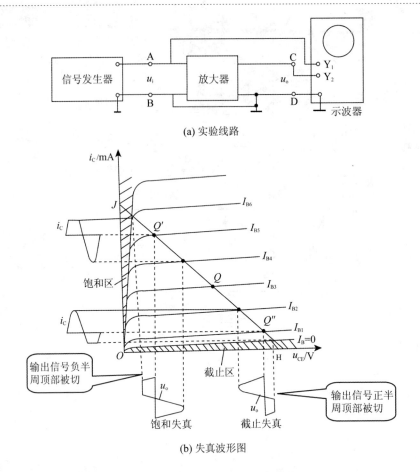

图 2-15 波形失真与静态工作点的关系

置在交流负载线的中点附近。

2.3 静态工作点的稳定

前面介绍的共发射极基本放大器是通过调节偏置电阻 R_B 来设置静态工作点的。当偏置电阻 R_B 的阻值确定之后,I_{BQ} 就被确定了,所以,这种电路又称固定偏置电路。这种电路虽然结构简单,但它最大的缺点是静态工作点不稳定,当环境温度变化、电源电压波动或更换三极管时都会使原来的静态工作点改变,严重时会使放大器不能正常工作。

2.3.1 影响静态工作点稳定的主要因素

静态工作点由 U_{BE}、β 和 I_{CEO} 决定。这 3 个参数随温度而变化,温度对静态工作点的影响主要体现在这一方面。例如,温度升高时,$I_B(=U_{CC}/R_B)$ 变化很小,则 $I_C=\beta I_B+(1+\beta)I_{CBO}$,由于 I_{CBO} 对温度很敏感,且随温度的升高而迅速增加,β 也随温度的升高而升高,这样 $I_{CEO}=(1+\beta)I_{CBO}$ 又比 I_{CBO} 上升了 β 倍,从而使 I_C 迅速增加,导致整个输出特性曲线簇向上平移。在这种情况下,如果 I_B 和直流负载线均未发生变化,那么这将使 Q 点沿直流负载线向上移,严重时使放大器不能正常工作。

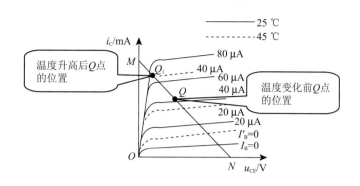

图 2-16 三极管在不同温度时的输出特性曲线

为了使温度变化时,放大电路能正常而稳定地工作,常采用分压式偏置单管放大电路,如图 2-17 所示。下面讨论该电路的各元件作用、结构特点以及静态工作点稳定的工作原理。

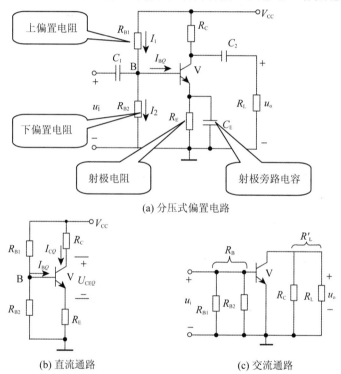

图 2-17 分压式偏置电路

2.3.2 稳定静态工作点的偏置电路

1. 各元件的作用

R_{B1},R_{B2}(基极偏置电阻)的作用为提供合适的基极电流。R_E(发射极电阻)的作用为稳定静态工作点"Q"。C_E(发射极旁路电容)的作用为交流短路,消除 R_E 对电压放大倍数的影响。R_C(集电极电阻)的作用为将集电极电流 i_c 的变化转换成集-射间电压 u_{ce} 的变化。

2. 电路结构特点

① 利用上偏置电阻 R_{B1} 和下偏置电阻 R_{B2} 组成串联分压器,为基极提供稳定的静态工作

电压 U_B。

设流过 R_{B1} 的电流为 I_1，流过 R_{B2} 的电流为 I_2，则
$$I_1 = I_2 + I_{BQ}$$

如果电路满足条件
$$I_2 \gg I_{BQ}$$

即可认为 $I_2 \approx I_1$，故基极电压
$$U_B = \frac{R_{B2}}{R_{B1}+R_{B2}} V_{CC}$$

由此可见，U_B 只取决于 V_{CC}，R_{B1} 和 R_{B2}，它们都不随温度的变化而变化，所以 U_B 将稳定不变。

② 利用发射极电阻 R_E，自动使静态电流 I_{EQ} 稳定不变。
$$U_B = U_{BEQ} + U_E$$

式中，U_E 为发射极电阻 R_E 上的电压。

若满足
$$U_B \gg U_{BEQ}$$
则
$$I_{EQ} \approx \frac{U_B}{R_E}$$

可见静态电流 I_{EQ} 也是稳定的。

综上所述，如果电路能满足 $I_2 \gg I_{BQ}$ 和 $U_B \gg U_{BEQ}$ 两个条件，静态工作电压 U_B、静态工作电流 I_{EQ}（或 I_{CQ}）将主要由外电路参数 V_{CC}，R_{B1}，R_{B2} 和 R_E 决定，与环境温度、三极管的参数几乎无关。

3. 工作点稳定原理

这种分压式偏置电路稳压的过程实际上是由于加了 R_E 所形成了负反馈过程，将电流 I_{EQ} 的变化转换为电压的变化，加到输入回路，通过三极管基极电流的控制作用，使静态电流 I_{CQ} 稳定不变。从物理过程来看，如温度升高，则 Q 点上移，I_{CQ}（或 I_{EQ}）将增加，而 U_B 是由电阻 R_{B1}，R_{B2} 分压固定的，I_{EQ} 的增加将使外加于三极管的 $U_{BE} = U_B - I_{EQ}R_E$ 减小，从而使 I_{BQ} 自动减小，结果限制了 I_{CQ} 的增加，使 I_{CQ} 基本恒定。以上变化过程可表示为

$$\text{温度升高}(t\uparrow) \to I_{CQ}\uparrow \to I_{EQ}\uparrow \to U_{BE} = (U_B - I_{EQ}R_E)\downarrow \to I_{BQ}\downarrow$$
$$I_{CQ}\downarrow$$

从以上的物理过程分析来看，R_E 越大电路越稳定，但 R_E 不能太大，因为 U_E 的存在，在 U_{CC} 一定时，使静态管压降 U_{CE} 相对减小，即减小了晶体管的动态工作范围。另外，u_e 的交流电压被送回到输入回路减弱了加到基-射极间的输入信号，使输出电压 u_o 下降，导致电压放大倍数 A_u 下降，解决的办法是在 R_E 上并联一个容量较大的极性电容 C_E。该电容为发射极交流旁路电容。直流时电容开路，对直流分量（即工作点）没有影响；交流时电容短路避免了在 R_E 上产生的交流电压 u_e 返回到输入端，使得输入端的信号保持不变，从而使得电压放大倍数 A_u 保持不变。

4. 估算静态工作点

图 2-17(b) 为分压式偏置电路的直流通路，通过直流通路可求出电路的静态工作点如表 2-5 所列。

表 2-5　估算电路的静态工作点

静态工作点		说　明
静态基极电位	$U_B = \dfrac{R_{B2}}{R_{B1}+R_{B2}} V_{CC}$	因为 $I_2 \gg I_{BQ}$
静态发射极电流	$I_{EQ} \approx \dfrac{U_B}{R_E}$	因为 $U_B \gg U_{BEQ}$
静态集电极电流	$I_{CQ} \approx I_{EQ}$	集电极电流 I_{CQ} 和发射极电流 I_{EQ} 相差不大
静态偏置电流	$I_{BQ} = \dfrac{I_{CQ}}{\beta}$	根据三极管电流放大原理 $I_{CQ}=\beta I_{BQ}$
静态集电极电压	$U_{CEQ}=V_{CC}-I_{CQ}(R_C+R_E)$	根据回路电压定律

5. 估算输入电阻、输出电阻和电压放大倍数

由图 2-17(c)所示为分压式偏置电路的交流通路,交流通路与共发射极基本放大器的交流通路相似,等效电路也相似,其中 $R_B = R_{B1}//R_{B2}$。所以,输入电阻、输出电阻和电压放大倍数的估算公式完全相同。

例 2-3　在图 2-17(a)中,若 $R_{B2}=2.4$ kΩ,$R_{B1}=7.6$ kΩ,$R_C=2$ kΩ,$R_L=4$ kΩ,$R_E=1$ kΩ,$V_{CC}=12$ V,三极管的 $\beta=60$。试求:① 放大器的静态工作点;② 放大器的输入电阻 R_i、输出电阻 R_o 及电压放大倍数 A_u。

解:① 估算静态工作点。

基极电压:
$$U_B = \frac{R_{B2}}{R_{B1}+R_{B2}} V_{CC} = \frac{2.4 \times 12}{2.4+7.6} \text{ V} = 2.88 \text{ V}$$

静态集电极电流:
$$I_{CQ} \approx I_{EQ} = \frac{U_B - U_{BE}}{R_E} = \frac{2.88-0.7}{1 \times 10^3} \text{ mA} = 2 \text{ mA}$$

静态偏置电流:
$$I_{BQ} = \frac{I_{CQ}}{\beta} = \frac{2 \text{ mA}}{60} \approx 33 \text{ μA}$$

静态集电极电压:
$$U_{CEQ} = U_{CC} - I_{CQ}(R_C+R_E) = [12-2\times(1+2)] \text{ V} = 6 \text{ V}$$

② 估算输入电阻 R_i、输出电阻 R_o 及电压放大倍数 A_u。

$$r_{be} = 300 \text{ Ω} + (1+\beta)\frac{26 \text{ mA}}{I_{EQ}} = 300 \text{ Ω} + (1+60)\frac{26 \text{ mA}}{2 \text{ mA}} = 1\,093 \text{ Ω} \approx 1 \text{ kΩ}$$

放大器的输入电阻:
$$R_i \approx r_{be} = 1 \text{ kΩ}$$

放大器的输出电阻:
$$R_o \approx R_C = 2 \text{ kΩ}$$

放大器的电压放大倍数:
$$A_{uL} = -\frac{\beta R'_L}{r_{be}}$$

式中:
$$R'_L = \frac{R_C R_L}{R_C+R_L} = \frac{2 \times 4}{2+4} \text{ kΩ} = 1.33 \text{ kΩ}$$

$$A_{uL} = -\frac{\beta R'_L}{r_{be}} = -\frac{60 \times 1.33 \text{ k}\Omega}{1 \text{ k}\Omega} \approx -80$$

分压式偏置电路的静态工作点稳定性好,对交流信号基本无削弱作用。如果放大器满足 $I_2 \gg I_{BQ}$ 和 $U_B \gg U_{BEQ}$ 两个条件,那么静态工作点将主要由电源和电路参数决定,与三极管的参数几乎无关。在更换三极管时,不必重新调整静态工作点,这给维修工作带来了很大方便,所以分压式偏置电路在电气设备中得到非常广泛的应用。

2.4 放大器的三种基本接法

放大器有共射、共集、共基三种基本接法(又称组态)。前面已经讨论过共射放大器,本节将主要讨论共集、共基放大器,并对三种接法放大器的性能进行分析比较。

2.4.1 共集放大器

共集放大器电路如图 2-18(a)所示。图 2-18(b),(c)分别为其直流通路和交流通路。

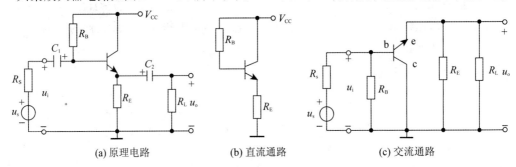

图 2-18 共集放大器

由图 2-18(c)可知,输入信号是从三极管的基极与集电极之间输入,从发射极与集电极之间输出。集电极为输入与输出电路的公共端,故称共集放大器。由于信号从发射极输出,所以又称射极输出器。

1. 静态工作点的估算

分析该电路的直流通路可知

$$V_{CC} = I_{BQ}R_B + U_{BEQ} + (1+\beta)I_{BQ}R_E$$

由此可得

$$I_{BQ} = \frac{V_{CC} - U_{BEQ}}{R_B + (1+\beta)R_E}, \qquad I_{CQ} = \beta I_{BQ}$$

$$U_{CEQ} = V_{CC} - I_{EQ}R_E \approx V_{CC} - I_{CQ}R_E$$

对 I_{BQ} 计算式中的 $(1+\beta)R_E$ 也可以这样理解:把 R_E 从发射极回路折合到基极回路,电流减小到原来的 $1/(1+\beta)$,因此电阻应折合为 $(1+\beta)R_E$。

2. 电压放大倍数的估算

由交流通路可知,输出电压 u_o 和输入电压 u_i 及三极管发射结电压 u_{be} 三者之间有如下关系:

$$u_o = u_i - u_{be}$$

通常 $u_{be} \ll u_i$，可认为 $u_o \approx u_i$，所以射极输出器的电压放大倍数总是小于 1 而且接近于 1。这表明射极输出器没有电压放大作用，但射极电流是基极电流的 $(1+\beta)$ 倍，故它有电流放大作用，同时也有功率放大作用。

3. 输入电阻和输出电阻的估算

(1) 输入电阻 r_i

在图 2-18(c) 中，若先不考虑 R_B 的作用，则输入电阻为

$$r_i' = \frac{u_i}{i_b} = \frac{i_b r_{be} + (1+\beta) i_b R_L'}{i_b} = r_{be} + (1+\beta) R_L'$$

式中，$R_L' = R_E // R_L$。

考虑 R_B 的作用，输入电阻应为

$$r_i = R_B // r_i' = R_B // [r_{be} + (1+\beta) R_L']$$

显然，射极输出器的输入电阻比共射放大器的输入电阻大得多。

(2) 输出电阻

根据输出电阻的定义，由交流通路可得

$$r_o = R_E // \frac{r_{be} + R_s'}{1+\beta}, \qquad R_s' = R_s // R_B$$

显然，射极输出器的输出电阻比共射放大器的输出电阻小得多。

4. 射极输出器的特点

综合以上分析可知，射极输出器的特点是：

① 电压放大倍数小于 1，且接近于 1；
② 输出电压与输入电压相位相同；
③ 输入电阻大；
④ 输出电阻小。

由于射极输出器的输出电压 u_o 和输入电压 u_i 相位相同且近似相等，可近似看做 u_o 随 u_i 的变化而变化，所以射极输出器又称为射极跟随器，或简称射随器。

5. 射极输出器的应用

射极输出器具有电压跟随作用和输入电阻大、输出电阻小的特点，且有一定的电流和功率放大作用，因而无论是在分立元件多级放大器还是在集成电路中，它都有十分广泛的应用，即

① 用作输入级，因其输入电阻大，可以减轻信号源的负担。
② 用作输出级，因其输出电阻小，可以提高带负载的能力。
③ 用在两级共射放大器之间作为隔离级（或称缓冲级），因其输入电阻大，对前级影响小；因其输出电阻小，对后级的影响也小，所以可有效地提高总的电压放大倍数，起到电路的匹配作用。

2.4.2 共基放大器

共基放大器电路如图 2-19 所示。图 2-19(b)、(c) 分别为其直流通路和交流通路。

根据直流通路，可以估算它的静态工作点，方法与共射放大器的分压式偏置电路相同。由交流通路可知，基极为输入与输出的公共端。经分析推导可得，电压放大倍数

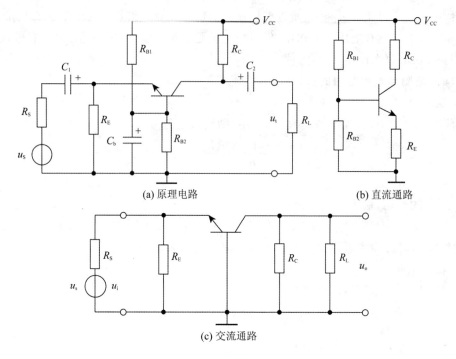

图 2-19 共基放大器

$$A_u = \frac{\beta R'_L}{r_{be}}$$

式中，$R'_L = R_C // R_L$。

输入电阻 $\quad r_i \approx R_E // \dfrac{r_{be}}{1+\beta}$

输出电阻 $\quad r_o \approx R_C$

电压放大倍数 A_u 为正值，表明共基放大器为同相放大器。从计算式来看，A_u 的数值与共射放大器相同，但这里并没有考虑信号源内阻的影响。实际上，由于共基放大器的输入电阻要比共射放大器的输入电阻小得多，因此，当共同考虑信号源内阻时，共基放大器的电压放大倍数也要比共射放大器的电压放大倍数小得多。

共基放大器的电流放大倍数 $\alpha = \dfrac{\Delta I_C}{\Delta I_E}$，其值小于 1，但接近于 1；同时，由于它的输入电阻低而输出电阻高，故共基放大器又有电流接续器之称，即将低阻输入端的电流几乎不衰减地接续到高阻输出端，其功能接近于理想的恒流源。

2.4.3 放大器三种接法的比较

综合以上分析，现将共射、共集、共基三种接法放大器的特点列于表 2-6，以供比较。

共射放大器的电压、电流和功率放大倍数都比较高，因而应用广泛；但是它的输入电阻较低，对前级的影响较大；输出电阻较高，带负载能力较差。共集放大器虽然没有电压放大作用，但由于它独特的优点，因而被广泛用作多级放大器中的输入/输出级或隔离缓冲级。共基放大器则可用作恒流源电路。

表 2-6 共射、共集、共基放大器的特点

组态类型	共射电路	共集电路	共基电路
r_i	$R_B // r_{be}$（中）	$R_B // [r_{be}+(1+\beta)R'_L]$（高）	$R_E // \dfrac{r_{be}}{1+\beta}$（低）
R_o	R_C（中）	$R_E // \dfrac{r_{be}+R'_s}{1+\beta}$（低）	R_C（高）
A_i	β（大）	$1+\beta$（大）	$\alpha \approx 1$（小）
A_u	$-\dfrac{\beta R'_L}{r_{be}}$（高）	≈ 1（低）	$\dfrac{\beta R'_L}{r_{be}}$（高）
A_p	高	稍低	中
相位	u_o 与 u_i 反相	u_o 与 u_i 同相	u_o 与 u_i 同相
高频特性	差	好	好
用途	低频放大和多级放大电路的中间级	多级放大电路的输入/输出级和中间缓冲级	高频电路、宽频带电路和恒流源电路

2.4.4 改进型放大器

1. 组合放大器（复合管）

通常电压放大器要求输入电阻高，输出电阻低；电流放大器则要求输入电阻低，输出电阻高。在三种组态的放大器中，只有共射放大器同时具有电压和电流放大作用，但它的输入和输出电阻却与上述要求存在差距。如果将它与共集或共基放大器相接，构成组合放大器，就可以改变放大器的输入和输出电阻，从而较好地解决这一问题。

在讨论射随器的应用时曾经介绍过，可以把射随器用作多级放大器的输入级、输出级或中间级。例如，把它作为输入级接于共射放大器之前，就构成共集-共射组合放大器，它的总电压放大倍数和单独一级共射放大器相同，但输入电阻大大提高了。采用类似方法，还可以接成如图 2-20 所示的共射-共基、共集-共基等多种组合放大器，以满足相应的性能要求。

复合管性能 $\begin{cases} \beta = \beta_1 \times \beta_2 \\ \text{晶体管的类型由复合管的第一支管子决定} \end{cases}$

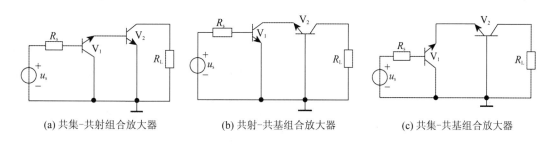

(a) 共集-共射组合放大器　　(b) 共射-共基组合放大器　　(c) 共集-共基组合放大器

图 2-20 组合放大器

此外，还可以从共射放大器的偏置电路入手，改进其性能。下面介绍的接有发射极电阻的共射放大器和采用有源负载的共射放大器，在多级放大器，特别是在集成电路中，有着很广泛的应用。

2. 接有发射极电阻的共射放大器

接有发射极电阻的共射放大器及其交流通路分别如图 2-21(a)和图 2-21(b)所示。

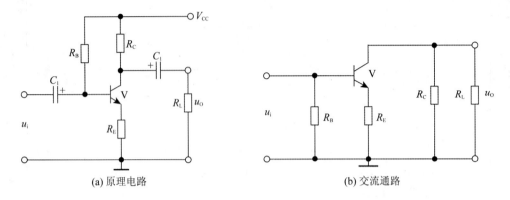

图 2-21 接有发射极电阻的共射放大器

与分析射随器相似，由交流通路可得放大器的输入电阻为

$$r_i \approx R_B // [r_{be} + 1(1+\beta)R_E]$$

电压放大倍数为

$$A_u = \frac{-\beta R'_L}{r_{be} + (1+\beta)R_E}$$

式中，$R'_L = R_C // R_L$。通常满足$(1+\beta)R_e \gg r_{be}$，且 $\beta \gg 1$，故上式可简化为

$$A_u \approx -\frac{R'_L}{R_E}$$

当空载时，$R_L \to \infty$，则

$$A_u \approx -\frac{R_C}{R_E}$$

电压放大倍数近似等于两个电阻之比，而与 β 的大小无关。这一特点恰好适应制成增益稳定的集成放大器。由以上几式看，R_E 使放大器输入电阻增大，但放大倍数降低；电阻 R_C 也不可能取得很大，同样电压放大倍数受到限制。所以采用有源负载取代共射放大器中的 R_C，以便提高放大倍数。

3. 采用有源负载的共射放大器

所谓有源负载，就是利用三极管工作在放大区时，集电极电流只受基极电流控制而与管压降无关的特性构成的电路。实际上也就是一个恒流源电路。在图 2-22 所示电路中，三极管 V_2 即为三极管 V_1 的有源负载。

三极管 V_2 的输出特性曲线如图 2-23 所示，在静态工作点 Q 处的直流等效电阻为

$$R_{CE2} = \frac{U_{CEQ}}{I_{CQ}} = \frac{5}{1.5} \text{ k}\Omega = 3.33 \text{ k}\Omega$$

在工作点 Q 附近的交流等效电阻为

$$r_{ce2} = \frac{\Delta U_{CE}}{\Delta I_C} = \frac{10-5}{1.6-1.5} \text{ k}\Omega = 50 \text{ k}\Omega$$

可见三极管 V_2 所呈现的直流电阻并不大，交流电阻却很大，这就有效地提高了放大器的

电压增益。当然，负载 R_L 必须足够大，才能充分发挥有源负载的作用。

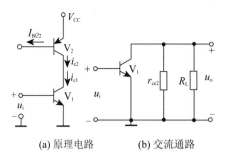

(a) 原理电路　　(b) 交流通路

图 2-22　采用有源负载的共射放大器

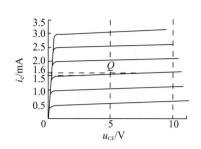

图 2-23　三极管 V_2 的输出特性曲线

2.4.5　共源、共漏和共栅放大器

1. 共源放大器

与三极管组成的放大器类似，场效应管放大器也相应有共源、共漏和共栅三种接法。

(1) 自给偏置电路

自给偏置电路如图 2-24 所示。图中采用的是 N 沟道结型场效应管，漏极电流在 R_S 上产生的电压恰好可作为栅极偏压，即 $U_{GS}=-I_DR_S$。栅极电阻 R_G 将栅极和源极构成了一个回路，使 R_S 上的电压能加到栅极而成为栅极偏压。电路对信号的放大作用是通过场效应的电压控制作用实现的。经分析，电压放大倍数为

$$A_u = -gmR'_L$$

式中，$R'_L = R_D // R_L$。

(2) 分压式偏置电路

如果用增强型绝缘栅场效应管构成放大器，则不能采用自给偏置电路，而要采用分压式偏置电路，如图 2-25 所示。

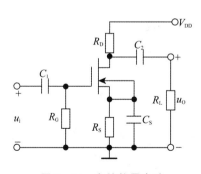

图 2-24　自给偏置电路

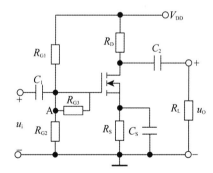

图 2-25　分压式偏置电路

2. 共漏放大器电路

共漏放大器如图 2-26 所示。图中采用的是分压式偏置电路。电压放大倍数为

$$A_u = \frac{gmR'_L}{1+gmR'_L}$$

共漏放大器的输出与输入信号相位相同，而且大小近似相等，所以它又称源极跟随器。

3. 共栅放大器电路

如图 2-27 所示,放大器的偏置电路由电阻 R_S 和电源 V_{GG} 构成。电压放大倍数为

$$A_u = gmR'_L$$

场效应管三种接法放大器的性能特点与三极管放大器相似。但由于场效应管栅极不取电流,所以共源和共漏放大管的输入电阻都远比共射和共集放大器的大。此外,在相同静态电流下,共源和共栅放大器的电压放大倍数远比相应的共射和共基放大器小。

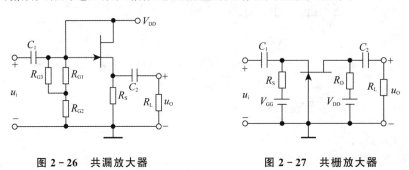

图 2-26　共漏放大器　　　　图 2-27　共栅放大器

2.5　多级放大器

在实际应用中,要把一个微弱的信号放大几千倍或几万倍甚至更大,仅靠单级放大器是不够的,通常需要把若干级放大器连接起来,将信号逐级放大。多级放大器是由若干个单级放大器组成的,其组成框图如图 2-28 所示。多级放大器由输入级、中间级及输出级三部分组成。

图 2-28　多级放大器的组成

方框图中带箭头的连线表示信号的传递方向,前一级的输出总是后一级的输入。第一级称为输入级,它的任务是将小信号进行放大。最末一级(有时也包括末前级)称为输出级,它担负着电路功率放大任务。其余各级称为中间级。第一级和中间级称前置级,它们担负着电压放大电路(小信号放大)。

各级放大器之间的连接方式称为耦合方式。通常采用的耦合方式有阻容耦合、变压器耦合、直接耦合以及光电耦合四种方式。但不管用哪种耦合方式,必须满足下列要求:

① 各级之间连接起来后,要保证各级放大电路的静态工作点互不影响;
② 保证信号在各级之间能顺利地传输,传输过程中,损耗和失真要尽可能小。

实际使用中,人们将按照不同电路的需要,选择合适的级间耦合方式。

2.5.1　多级放大器的耦合方式

如表 2-7 所列为四种级间耦合方式的电路。

表 2-7 四种级间耦合方式

耦合方式	应用电路	特点	应用
阻容耦合	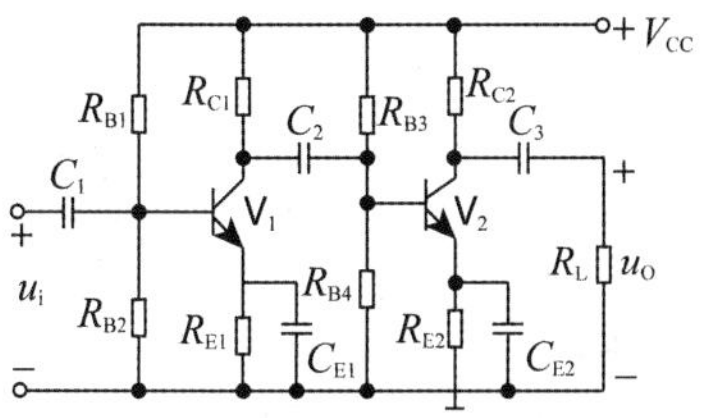 (电路图)	① 用容量足够大的耦合电容连接,传递交流信号 ② 前、后级放大器之间的直流电路被隔离,静态工作点彼此独立,互不影响	结构简单、紧凑,成本低,但效率低。低频特性较差,不能用于直流放大器中。由于在集成电路中制造大容量电容很困难,所以集成电路中不采用这种耦合方式
变压器耦合	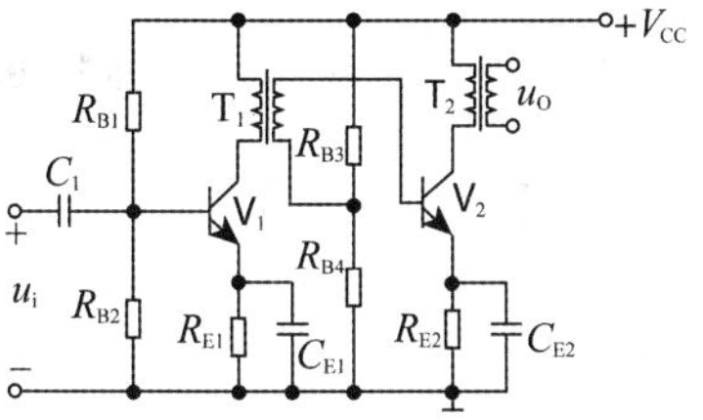 (电路图)	① 通过变压器进行连接,将前级输出的交流信号通过变压器耦合到后级 ② 能够隔离前、后级的直流联系。所以,各级电路的静态工作点彼此独立,互不影响 ③ 电路中的耦合变压器还有阻抗变换作用,这有利于提高放大器的输出功率	由于变压器体积大,低频特性差,又无法集成,因此一般只应用于高频调谐放大器或功率放大器中
直接耦合	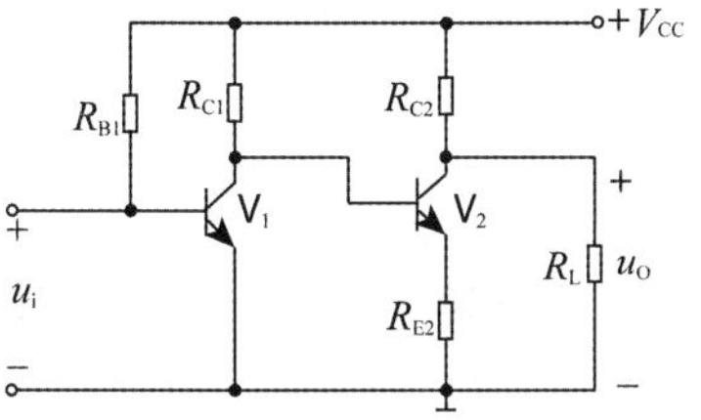 (电路图)	① 无耦合元器件,信号通过导线直接传递,可放大缓慢的直流信号 ② 前、后级的静态工作点互相影响	直流放大器必须采用这种耦合方式,因此广泛应用于集成电路中
光耦合	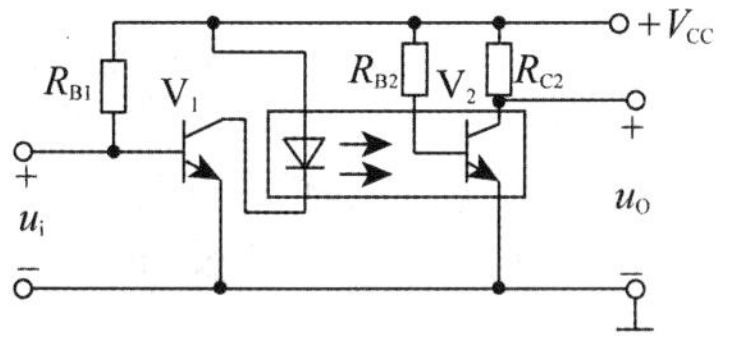 (电路图)	① 以光耦合器为媒介来实现电信号的耦合和传输 ② 既可传输交流信号,又可传输直流信号,而且抗干扰能力强,易于集成化	广泛应用在集成电路中

2.5.2 阻容耦合多级放大器的动态分析

1. 阻容耦合多级放大器的电压放大倍数和输入/输出电阻

图 2-29 所示为两级阻容耦合放大器的交流通路。由图可知,前级放大器对后级来说是信号源,它的输出电阻就是信号源的内阻;而后级放大器对前级来说是负载,它的输入电阻就是信号源(前级放大器)的负载电阻。更多级的放大器可以此类推。

下面以三级电压放大器为例,用图 2-30 所示的框图来分析总的电压放大倍数与各级电压放大倍数的关系。

第一级电压放大倍数

$$A_{u1} = \frac{u_{o1}}{u_{i1}}$$

第二级电压放大倍数

$$A_{u2} = \frac{u_{o2}}{u_{i2}}$$

第三级电压放大倍数

$$A_{u3} = \frac{u_{o3}}{u_{i3}}$$

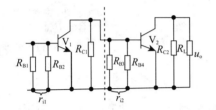 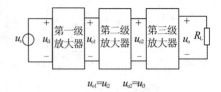

图 2-29 两级阻容耦合放大器的交流通路　　图 2-30 三级电压放大器的框图

由于前级放大器的输出电压就是后级放大器的输入电压，即 $u_{o1}=u_{i2}$、$u_{o2}=u_{i3}$，因而三级放大器的总电压放大倍数为

$$A_u = \frac{u_o}{u_i} = (u_{i2}/u_{i1})(u_{i3}/u_{i2})(u_o/u_{i3}) = A_{u1} A_{u2} A_{u3}$$

同理，由 n 个单级放大器构成多级放大器，它的总电压放大倍数应为

$$A_U = A_{U1} A_{U2} A_{U3} \cdots A_{Un}$$

即多级放大器总的电压放大倍数等于各级电压放大倍数的乘积。但必须注意，各级放大器都是带负载的，即前级的交流负载是它的 R_C 与后级输入电阻的并联。

多级放大器的输入电阻就是第一级的输入电阻，输出电阻就是最后一级的输出电阻，即

$$r_i = r_{i1}, \qquad r_o = r_{on}$$

2. 阻容耦合多级放大器的频率特性

(1) 单级共射放大器的频率特性

在前面分析放大器时，都是以输入单一频率的正弦波来讨论的，实际输入的信号往往并不一定是正弦波，而是包含许多频率分量的合成波。那么，放大器对这些不同频率分量是不是都能同样放大呢？下面还是通过实验来回答这一问题。

按图 2-31(a) 所示接好实验电路。单级共射放大器电路如图 2-31(b) 所示。调节低频信号发生器，使放大器输入频率为 1 kHz、幅度为 30 mV 的正弦波。用交流毫伏表测量输入/输出电压值，并用双踪示波器观察比较输入/输出波形。在保持输入信号幅度不变的条件下，改变输入信号的频率。实验结果表明，只是在有限的一段频率范围内，放大倍数基本不变，而当频率偏高或偏低时，放大倍数都有所下降，偏离越多，放大倍数的下降越明显。而且从示波器上还看出，输出信号与输入信号之间的相位差也受到频率变化的影响。

放大器的放大倍数和信号频率之间的关系，称为频率响应，也称放大器的频率特性；用曲线表示则称为频率特性曲线。

图 2-31(c) 所示为幅频特性曲线，它反映放大器放大倍数的大小与频率之间的关系。

图 2-31(d) 所示为相频特性曲线，它反映放大器输出电压和输入电压的相位差与频率之间的关系。

将放大器在中间一段频率范围内保持稳定的最大的放大倍数记做 A_{u0}，这个频率范围称

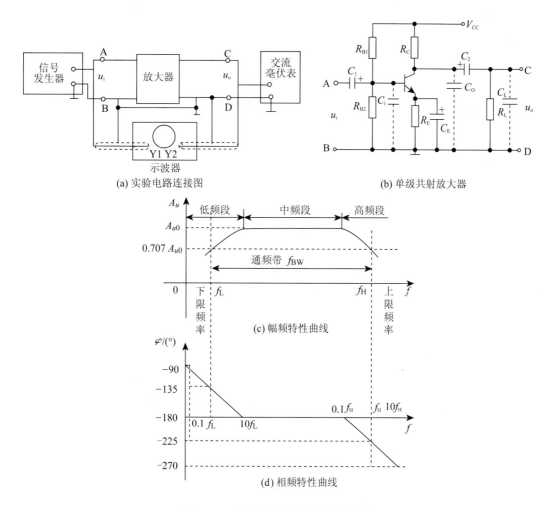

图 2-31 单级共射放大器的频率特性

中频段。当放大倍数下降到 A_{u0} 的 $1/\sqrt{2}$（约 0.707 倍）时所对应的低端的频率称为下限频率，用 f_L 表示；所对应的高端频率称为上限频率，用 f_H 表示。在 f_H 和 f_L 之间的频率范围称为通频带，用 f_{BW} 表示。通频带表征放大器对不同频率输入信号的适应能力，是一项很重要的技术指标。

$$f_{BW} = f_H - f_L$$

（2）在高频段和低频段间放大倍数下降的原因

阻容耦合放大器的放大倍数随信号频率变化而变化，主要是受耦合电容、射极旁路电容、三极管的结电容、电路分布电容及负载电容的影响。

在通频带内，耦合电容和射极旁路电容所呈现的容抗很小，可视为短路，其他电容的影响也可忽略。这时电压放大倍数最大。

在低频段，耦合电容和射极旁路电容的容抗随频率降低而增大，交流信号的衰减和负反馈也就增大，从而导致低频段放大倍数的下降（且产生超前相移）。

在高频段，尤其是当频率升得很高时，三极管的结电容、电路分布电容及负载电容的容抗变低，对信号的分流作用不可忽略，致使放大倍数下降（且产生滞后相移）。同时，三极管的

β 值随频率升高而减小,这也是导致放大倍数下降的一个重要原因。

(3) 多级放大器的频率特性

假设两个通频带相同的单级放大器连接在一起,每级都有相同的下限频率 f_L 和上限频率 f_H,如图 2-32(a),(b)所示。由此组成的两级放大器的频率特性如图 2-32(c)所示。

当连接成两级放大器后,在中频段总的电压放大倍数为

$$A_{u0} = A_{u01} A_{u02}$$

在原来的 f_L 和 f_H 处,总的电压放大倍数为

$$\frac{1}{\sqrt{2}} A_{u01} \frac{1}{\sqrt{2}} A_{u02} = 0.5 A_{u01} A_{u02} = 0.5 A_{u0}$$

所以,对应 $1/\sqrt{2} A_{u0}$ 的 f'_L 和 f'_H 两点间距比 $0.5 A_{u0}$ 两点间距离缩短了。可见两级放大器总的通频带比每个单级放大器的通频带要窄。

在集成电路中,一般都采用直接耦合的多级放大器。它的下限频率 f_L 趋于零,因而在讨论其频率特性时,只需求出上限频率 f_H,通频带也就等于 f_H。

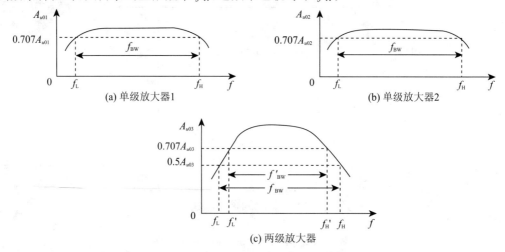

图 2-32 单级和两级共射放大器的幅频特性

3. 频率失真

由于放大器对不同频率分量放大倍数不同而引起输出信号波形的失真称为幅度失真。同样,如果放大器对不同频率分量产生不同的附加相移,也会造成输出信号波形的失真,这种失真称为相位失真。幅度失真和相位失真总称为频率失真。显然,为了避免频率失真,放大器必须具有与信号频率范围相适应的通频带。

2.6 差分放大器

放大直流信号和变化缓慢的信号必须采用直接耦合方式,但在简单的直接耦合放大器中,常会发生输入信号为零时,输出信号不为零的现象。产生这种现象的原因是由于温度、电源电压等发生变化引起静态工作点发生缓慢变化,该变化量经逐级放大,使放大器输出端出现不规则的输出量。这种现象称为零点漂移,简称零漂。在多级阻容耦合放大器中,由于电容的隔直

作用,零漂仅限于本级内,影响较小;而在多级直接耦合放大器中,第一级的零漂是逐级放大,从而在输出端产生了最严重的零漂。如果这时输入的信号较小,干扰零漂的电压有可能将有用的输入电压完全掩盖,一真一假,使得放大电路无法正常工作,因此减小输入端的零漂是运放电路里一个至关重要的问题。

抑制零漂较为有效的方法是采用差分放大器。

2.6.1 差分放大器的基本结构

差分放大器的基本电路如图 2-33 所示。它是由两个对称的放大器组合而成,一般采用正、负两个极性的电源供电。它分别有两个输入和输出端,具有灵活的输入/输出方式。静态时($u_i=0$),由于电路完全对称,则 $U_{CQ1}=U_{CQ2}$,所以输出电压 $u_o=U_{CQ1}-U_{CQ2}=0$。当温度或电源电压发生变化时,由于两只三极管所处的环境一样,引起的变化相同,所以 $\Delta U_{CQ1}=\Delta U_{CQ2}$,两管的零漂相互抵消,输出电压仍为零。这样就较好地抑制了零漂。同时,由于发射极公共电阻 R_E 对两只三极管的电流都有自动调节作用,这就进一步增强了电路抑制零漂的能力。所以当采用单端输出时,即使不能利用对称性抵消零漂,但由于 R_E 的调节作用,仍能较好地减小零漂。

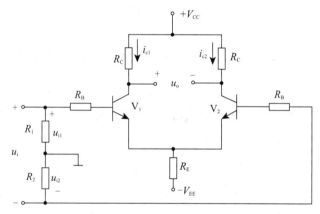

图 2-33　差分放大器基本电路

双电源的作用如下:
① 使信号变化幅度加大;
② I_{B1}、I_{B2} 由 $-V_{EE}$ 提供。

2.6.2　差分放大器的工作特点

1. 差模信号和共模信号

在讨论差分放大器的性能特点时,必须首先区分差模信号和共模信号,因为差分放大器的主要性能特点就是体现在它对差模信号和共模信号具有完全不同的放大能力上。

假设从差分放大器的两个输入端分别输入一对大小相等、极性相反的信号,则称它们为差模信号。这种输入方式称差模输入。

假设从差分放大器的两个输入端分别输入一对大小相等、极性相同的信号,则称它们为共模信号。这种输入方式称共模输入。

但实际加到差分放大器两个输入端的信号往往既非差模,又非共模,其大小和相位都是任意的。这种输入方式称为比较输入方式。在这种情况下,可将 u_{i1} 和 u_{i2} 改写成下列形式,即

$$\begin{cases} u_{i1} = \dfrac{u_{i1}+u_{i2}}{2} + \dfrac{u_{i1}-u_{i2}}{2} \\ u_{i2} = \dfrac{u_{i1}+u_{i2}}{2} - \dfrac{u_{i1}-u_{i2}}{2} \end{cases}$$

若设 $u_{i1}=10$ mV,$u_{i2}=4$ mV,即可改写成

$$\begin{cases} u_{i1}=(7+3) \text{ mV} \\ u_{i2}=(7-3) \text{ mV} \end{cases}$$

这样就把两个任意信号分解为一对共模信号和一对差模信号。其中,共模信号为两个输入信号的平均值,差模信号为两个输入信号的差值。

2. 差模输入放大倍数 A_d

在图 2-33 所示差分放大器中,输入信号电压 u_i 经两个相等的电阻 R_1 和 R_2 分压后,成为大小相等而极性相反的一对差模信号,分别加到三极管 V_1 和 V_2 基极。在差模信号电压作用下,两管集电极产生等值而反相的变化电流,当它们共同流入 R_E 时相互抵消,因而对差模信号而言 R_E 可视为短路,即 R_E 对差模放大倍数不会产生影响。差模交流通路如图 2-34 所示。

差分放大器在差模输入的电压放大倍数称为差模电压放大倍数,用 A_d 表示,且

$$A_d = \frac{u_o}{u_i}$$

设差模输入时 V_1 和 V_2 的单管放大倍数分别为 A_{d1} 和 A_{d2},由于电路两边对称,A_{d1} 和 A_{d2} 相等,即

$$A_{d1} = A_{d2} = -\beta \frac{R_C}{R_B + r_{be}}$$

又由于

$$u_o = u_{o1} - u_{o2} = A_{d1} u_{i1} - A_{d2} u_{i2} =$$
$$A_{d1} \times \left(\frac{1}{2}\right) u_i - A_{d2} \times \left(-\frac{1}{2}\right) u_i = A_{d1} u_i$$

所以

$$A_{d1} = \frac{u_o}{u_i}$$

上式说明,双端输出时,差模电压放大倍数就等于单管电压放大倍数,即

$$A_d = A_{d1} = A_{d2} = -\beta \frac{R_C}{R_B + r_{be}}$$

说明差分放大器差模输入时是用一个管子的放大倍数去换取零点漂移。显然,当单端输出时,差模电压放大倍数为双端输出时的一半。

3. 共模输入电压放大倍数 A_C

若在差分放大器中输入共模信号,两管集电极产生相同的变化电流 i_c。当它们共同流入 R_E 时,在 R_E 上所产生的变化电压为 $2i_c R_E$。这可以等效地看成,在电流 i_c 作用下,每管发射极上相当于接入了 $2R_E$ 的电阻。于是可以得出如图 2-35 所示的共模交流通路。

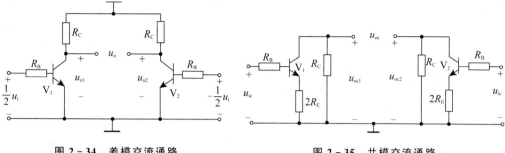

图 2-34 差模交流通路　　　　图 2-35 共模交流通路

差分放大器在共模输入时的电压放大倍数称为共模电压放大倍数,用 A_c 表示。

利用发射极接有电阻的共射放大器的有关结论,可得单端输出时,差分放大器的共模电压放大倍数

$$A_{c1} \approx -\frac{R_C}{2R_E}$$

双端输出时,若电路完全对称,则两管共模输出电压相互抵消,所以共模电压放大倍数也为零。实际上,电路不可能完全对称,且希望 A_c 尽可能小。

差分放大器受温度或电源电压变化的影响,相当于输入一对共模信号,这对差分放大器来说是一种干扰。希望 A_c 尽可能小,就是要求差分放大器要有较强的抗共模干扰的能力。

前面讲到的差分放大器对零漂的抑制作用是抑制共模信号的一个特例。

4. 共模抑制比

差分放大器常用共模抑制比 K_{CMR} 来衡量放大器对差模信号的放大能力及对共模信号的抑制能力,定义为

$$K_{CMR} = \left| \frac{A_d}{A_C} \right|$$

完全对称的差分放大器,$A_C=0$,所以 $K_{CMR} \to \infty$。实际上 A_c 不可能为零,K_{CMR} 也不可能趋于无穷大,它是一个远大于 1 的数,故有时用对数表示,其单位是 dB,即

$$K_{CMR} = 20\lg \left| \frac{A_d}{A_C} \right|$$

如果增大 R_E,A_C 就减小,K_{CMR} 也就相应增大。但当电源电压一定时,为了维持适当的工作电流,R_E 的增大受到限制,从而也影响到 K_{CMR} 的提高。为了解决这一矛盾,可用有源负载代替。

2.6.3 采用有源负载的差分放大器

图 2-36 所示为采用有源负载的差分放大器。其中 V_3 为恒流三极管。稳压二极管 V_Z 使三极管 V_3 的基极电位得以固定。当温度升高使 V_3 管电流增加时,R_2 上电压也要增加,使 V_3 管发射极电位增高,由于基极电位已被固定,所以发射结电压 U_{BE3} 就要下降,I_{B3} 也随之减小,因此抑制了 I_{C3} 的上升,使 I_{C3} 基本不变。I_{C3} 不变,则 I_{C1},I_{C2} 也不变,从而有效地抑制了零漂。在这一自动调节的过程中,恒流管所呈现的很大的动态电阻对共模信号具有很强的抑制作用;而与此同时,无须增大电源,即可保证差分放大器有足够的工作电流。实践表明,与采用 R_E 的差分放大器相比,采用有源负载的差分放大器共模抑制比有显著提高。

图 2-37 所示为用 MOS 管组成的差分放大器。电路中用 MOS 管 V_3,V_4 分别作为 V_1,

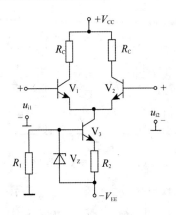

图 2-36　采用有源负载的差分放大器

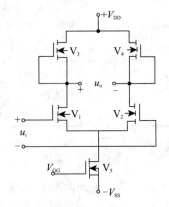

图 2-37　用 MOS 管组成的差分放大器

V_2 的漏极有源负载；V_5 则作为 V_1，V_2 管的源极有源负载，起抑制零漂的作用。由于采用了 MOS 管，使差分放大器的输入电阻大大提高，噪声减小，线性范围也有所增大。这种电路形式在集成电路中有广泛应用。

2.7　放大器中的负反馈

在放大器中，信号从输入端输入，经过放大器的放大后，从输出端送给负载，这是信号的正向传输。但在很多放大器中，常将输出信号再反向传输到输入端，这就是反馈。实用的放大器几乎都采用反馈。直流负反馈可以稳定放大器的静态工作点，交流负反馈可以改善放大器的性能。

本节重点介绍反馈的基本概念及交流负反馈对放大器性能的影响。

2.7.1　反馈的基本概念

1. 反　馈

从广义上讲，凡是将输出量送回到输入端，并且对输入量产生影响的过程都称为反馈。放大器中的反馈是指把放大器输出信号（电压或电流）的一部分或全部通过一定的元件，用一定的方式送回到输入端并与输入信号（电压或电流）叠加，以改善放大器的性能。

反馈电路 F 是一个将输出回路与输入回路相连接的中间环节，一般由电阻、电容组成。带有反馈电路的放大器称为反馈放大器。

反馈放大器由基本放大器和反馈电路两部分组成。如图 2-38 所示为反馈放大器的框图，箭头表示信号的传输方向。引入反馈后，使信号既有正向传输又有反向传输，电路形成闭合环路，因此反馈放大器通常称为闭环放大器，用 A_f 表示；而未引入反馈的放大器

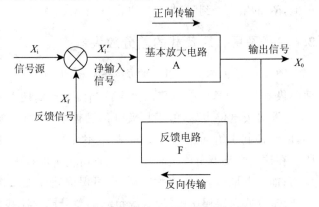

图 2-38　反馈放大器的框图

则称为开环放大器,用 A 表示。

2. 反馈的分类

按照不同的分类方法,反馈可分为多种类型。

(1) 按反馈极性不同分为正反馈和负反馈

反馈信号增强原输入信号,使输出量增大,放大倍数提高,称为正反馈;反馈信号削弱原输入信号,使输出量减小,放大倍数下降,称为负反馈。

(2) 按反馈元件在输出回路的取样对象不同分电压反馈和电流反馈

反馈信号 X_f 取自输出端负载两端的电压 u_o 称为电压反馈,如图 2-39(a)所示;反馈信号取自输出电流 i_o 的称为电流反馈,如图 2-39(b)所示。电压反馈的取样环节与输出端并联,电流反馈的取样环节与输出端串联。

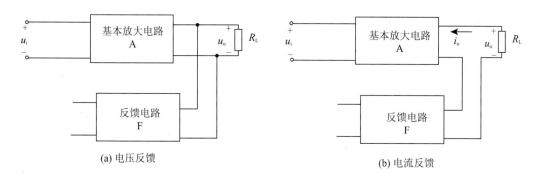

图 2-39 电压反馈和电流反馈

电压反馈是将基本放大电路的输出电压 u_o 送至反馈网络的输入端,反馈信号 u_f 或 I_f 与输出电压 u_o 成正比。其数学表达式为

$$u_f = Fu_o$$
$$I_f = Fu_o$$

式中,F 为反馈系数。电压负反馈作用为稳定输出电压。电流反馈是将基本放大电路的输出电流 I_o 流进反馈网络。反馈信号 u_f 或 I_f 与输出电流 I_o 成正比。其数学表达式为

$$u_f = FI_o$$
$$I_f = FI_o$$

电流负反馈作用为稳定输出电流。

(3) 按反馈电路在输入端的连接方式不同分为串联反馈和并联反馈

反馈电路与信号源相串联的称为串联反馈,如图 2-40(a)所示;反馈电路与信号源相并联的称为并联反馈,如图 2-40(b)所示。串联反馈,反馈信号在输入端以电压形式出现;并联反馈,反馈信号在输入端以电流形式出现。

(4) 按反馈信号不同分为直流反馈和交流反馈

对直流量起反馈作用的称为直流反馈;对交流量起反馈作用的称为交流反馈;既对直流量起反馈作用,又对交流量起反馈作用的,称为交、直流共存反馈。

若在反馈网络中串接隔直电容,则可以隔断直流,此时反馈只对交流起作用。在起反馈作用的电阻两端并联旁路电容,可以使其只对直流起作用。

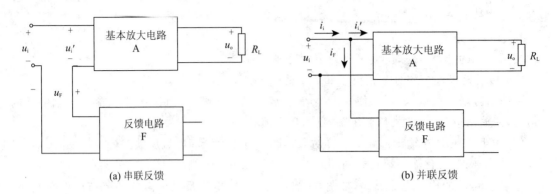

(a) 串联反馈　　　　　　　　　　　　　(b) 并联反馈

图 2-40　串联反馈和并联反馈

2.7.2　反馈类型的判断

1. 有无反馈的判断

反馈放大器的特征是存在反馈元件，反馈元件是联系放大器的输出与输入的桥梁。因此能否从电路中找到反馈元件是判断放大器有无反馈的关键。

例如图 2-41(a)中无反馈元件，所以电路不存在反馈。在图 2-41(b)中 R_F 跨接在输出端和输入端之间起联系输出和输入的作用，R_F 为反馈元件，所以电路存在反馈。

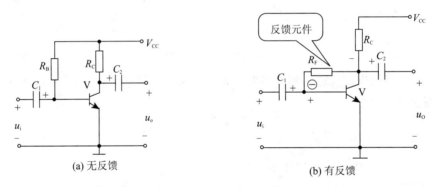

(a) 无反馈　　　　　　　　　　　　　(b) 有反馈

图 2-41　判断有无反馈

2. 反馈极性的判断

通常采用瞬时极性法判断反馈的极性。具体步骤如下：

① 先假设输入信号瞬时极性为"＋"。

② 从输入端到输出端依次标出放大器各点的瞬时极性。在放大器中，三极管发射极与基极的瞬时极性相同，集电极与基极的瞬时极性相反。

③ 将反馈信号的极性与输入信号进行比较，确定反馈极性。如果反馈信号使净输入信号减小，是负反馈；反之是正反馈。

如图 2-42(a)所示，假设加到三极管基极的输入信号瞬时极性为"＋"，经放大器放大，回送到基极的反馈信号瞬时极性若为"－"，净输入信号减小，是负反馈；反之，则是正反馈。

如图 2-42(b)所示，若反馈信号送回到发射极的瞬时极性为"⊕"，净输入信号减小，是负反馈；反之，则是正反馈。

在运用瞬时极性法时反馈电路中的电阻、电容等元件，一般认为它们在信号传输过程中不产生附加相移,对瞬时极性没有影响。

在图2-41(b)所示电路中,设基极输入瞬时极性为"+",则集电极输出信号为"-",经R_F送回基极的反馈信号为"⊖",与原假设极性相反,使净输入信号$i_b=i_i-i_f$减小,所以电路引入了负反馈。

在图2-43所示电路中,设基极输入瞬时极性为"+",则经第一级放大器放大,集电极输出信号为"-";再经第二级放大,发射极电位为"-";经R_F送回第一级放大器发射极的反馈电压u_f为"⊖",净输入信号$u_{be}=u_i+u_f$增加,所以电路引入了正反馈。

3. 电压反馈和电流反馈的判断

从输出回路看,若反馈信号取自输出电压则为电压反馈;若反馈信号取自输出电流则为电流反馈。

在图2-41(b)电路中,三极管集电极为电压输出端,R_F接在集电极,所以是电压反馈;在图2-43电路中,R_F在输出回路中没有接在电压输出端,所以是电流反馈。

另外,判断电压与电流的反馈时常用输出短路法,即输出电压为零,使$u_o=0$(R_L短路),若反馈消失则为电压反馈,否则为电流反馈。

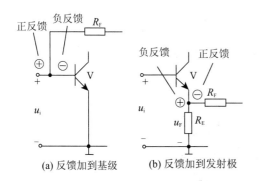

图2-42 判断反馈极性示意图

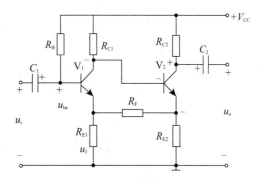

图2-43 判断反馈类型

4. 串联反馈和并联反馈的判断

从输入回路看,若反馈加到共射电路的发射极为串联反馈,而加到共射电路的基极为并联反馈。例如图2-41(b)电路为并联反馈,图2-43电路为串联反馈。

5. 直流反馈和交流反馈的判断

若反馈电路中存在电容,根据电容"通交隔直"的特性来进行判断。

在图2-44电路中,由于C_E起交流旁路作用,所以R_E所引入的只有直流反馈而无交流反馈。而R_F所引入的则是交、直流共存的反馈。

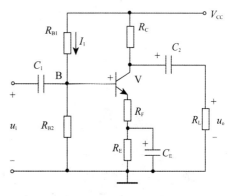

图2-44 判断直流反馈与交流反馈

通过以上分析,可将判断反馈的方法归纳为:有无反馈看联系,正负反馈看极性,电压电流看输出,串联并联看输入,交流直流看电容。

2.7.3 负反馈放大器的四种基本类型

电压串联负反馈、电压并联负反馈、电流串联负反馈和电流并联负反馈四种负反馈电路的框图如表 2-8 所列。

表 2-8 四种负反馈放大器

负反馈电路	负反馈框图	负反馈电路	负反馈框图
电压串联负反馈		电流串联负反馈	
电压并联负反馈		电流并联负反馈	

例 2-4 如图 2-45 所示电路,试判断电路的反馈类型。

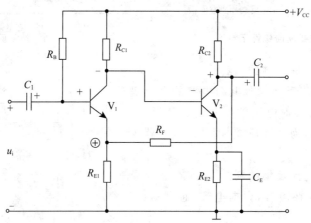

图 2-45 例 2-4 用图

解:R_F,R_{E1} 为反馈元件,由于反馈信号取自输出电压,所以是电压反馈;反馈信号加在 V_1 的发射极,所以是串联反馈;在反馈电路中无电容,所以是交、直流共存的反馈;假设 V_1 基极输入瞬时极性为"+",则经第一级放大,集电极输出信号为"-",再经 V_2 放大,集电极输出信号为"+",经 R_F,R_{E1} 送回 V_1 发射极,反馈电压 u_f 为"⊕",使净输入信号 $u_{be}=u_i-u_f$ 减小,说明电路引入了负反馈。

综上所述，放大器通过 R_F，R_{E1} 为电路引入了电压串联负反馈。

2.7.4 负反馈对放大器性能的影响

1. 放大倍数下降，但稳定性提高

为了便于分析，假设负反馈放大器工作于中频段，信号无附加相移。图 2-46 所示为负反馈放大器框图，图中 A 为基本放大器，F 为负反馈网络。x_i 为输入量，x_f 为反馈量，x_i' 为净输入量，x_o 为输出量。基本放大器的放大倍数称为开环放大倍数，用 A 表示。

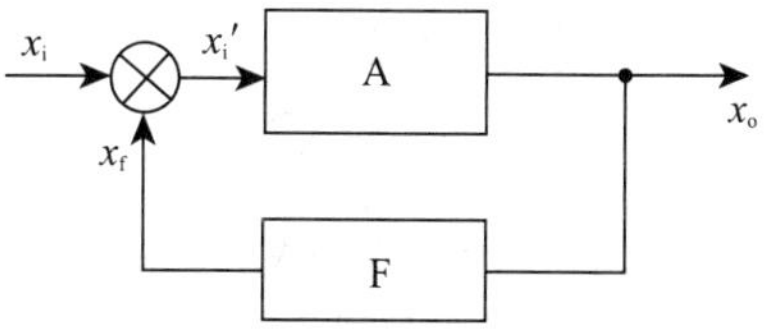

x_i，x_f 和 x_i' 之间的关系为

$$x_i' = x_i - x_f$$

反馈系数为

图 2-46 负反馈放大器框图

$$F = \frac{x_f}{x_o}$$

开环放大倍数为

$$A = \frac{x_o}{x_i'}$$

负反馈放大器的放大倍数称为闭环放大倍数，用 A_f 表示，由图 2-46 可得

$$A_f = \frac{x_o}{x_i} = \frac{x_o}{x_i' + x_f} = \frac{Ax_i'}{x_i' + AFx_i'}$$

由此可得 A_f 的一般表达式为

$$A_f = \frac{A}{1 + AF}$$

引入负反馈后，放大器的闭环放大倍数衰减为开环放大倍数的 $1/(1+AF)$。通常将 $(1+AF)$ 称为反馈深度。当 $(1+AF) \geq 10$ 时，称为深度负反馈。此时

$$A_f \approx \frac{1}{F}$$

表明在深度负反馈条件下，放大器的闭环放大倍数已与开环放大倍数无关，它不再受放大器各种参数的影响，而只由反馈系数 F 决定。因此，只要采用高稳定性的反馈元件，闭环放大倍数 A_f 也就能获得很高的稳定性。

2. 改善非线性失真

如图 2-47(a)所示，由于三极管输入/输出特性的非线性，当输入信号幅度过大时，i_b 的波形明显上大下小，即产生了失真，最终使输出电压 u_o 相对于输入电压 u_i 产生了失真。这种由于三极管非线性特性引起的失真，称为非线性失真。

放大器引入负反馈以后情况如何呢？在没有引入负反馈时，输出电压 u_o 的波形是上大下小的，如图 2-47(b)所示。引入负反馈后，由于负反馈电压 u_f 与 u_o 成正比，所以 u_f 也是上大下小，而 $u_i' = u_i - u_f$，用 u_i 减去一个上大下小的 u_f 波形，其结果 u_i' 是上小下大。这种现象称为放大器的"预失真"，这种不对称的 u_i' 波形加到基本放大器以后，与放大器本身对信号放大的不对称性互相抵消，从而使输出波形 u_o 趋于对称，因此非线性失真得到改善。

引入负反馈后，能减小非线性失真。应当注意的是，引入负反馈并不能彻底消除非线性失真。此外，如果输入信号本身就有失真，引入负反馈也无法改善，因为负反馈所能改善的只是

放大器所引起的非线性失真。

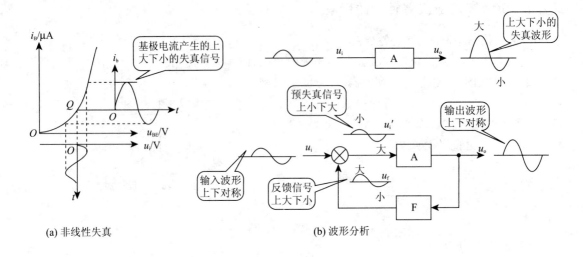

(a) 非线性失真　　　　　　　　　(b) 波形分析

图 2-47　负反馈减小非线性失真

3. 影响输入电阻和输出电阻

负反馈对放大器输入电阻和输出电阻的影响,与反馈电路在输入端和输出端的连接方式有关。

(1) 对输入电阻的影响

负反馈对输入电阻的影响取决于反馈电路在输入端的连接方式。

1) 串联负反馈使输入电阻增大

串联负反馈相当于在输入回路中串联了一个电阻,故输入电阻增加。

2) 并联负反馈输入电阻减小

并联负反馈相当于在输入回路中并联了一条支路,故输入电阻减小。

(2) 对输出电阻的影响

负反馈对输出电阻的影响,与反馈电路在输出端的连接形式有关。

1) 电压负反馈使输出电阻减小

电压负反馈具有稳定输出电压的作用,即当负载变化时,输出电压的变化很小。这相当于输出端等效电源的内阻减小了,也就是输出电阻减小了。

2) 电流负反馈使输出电阻增大

电流负反馈具有稳定输出电流的作用,即当负载变化时,输出电流的变化很小。这相当于输出端等效电源的内阻增大了,也就是输出电阻增大了。

此外,在放大器中引入负反馈后,还能提高电路的抗干扰能力,改善电路的频率响应等。

总之,在放大器中引入负反馈是以牺牲放大倍数为代价,换来放大器各方面性能的好转。若在电路中引入正反馈,对放大器的影响与之相反,虽然放大倍数增加了,但使放大器性能变差,所以,一般放大器中不引入正反馈,正反馈主要应用在振荡电路中。

四种负反馈的特点如表 2-9 所列。

表 2-9 四种负反馈的特点

反馈类型 比较项目		电压串联	电流串联	电压并联	电流并联
反馈作用形式	反馈信号取自	电压	电流	电压	电流
	输入端连接法	串联	串联	并联	并联
输入电阻		增大		减小	
输出电阻		减小	增大	减小	增大
被稳定的电量		输出电压	输出电流	输出电压	输出电流

本章小结

1. 三极管是一种电流控制器件,它有两个 PN 结,即发射结和集电结。三极管在发射结正偏、集电结反偏的条件下,具有电流放大作用;在发射结和集电结均反偏时,处于截止状态,相当于开关断开;在发射结和集电结均为正偏时,处于饱和状态,相当于开关闭合。三极管的放大功能和开关功能在实际电路中都有广泛的应用。

2. 三极管的特性曲线反映了三极管各极之间电流与电压的关系。三极管的输出特性曲线可以分为三个区域,即放大区、截止区和饱和区。

三极管的电流放大系数 β 为

$$\beta = \Delta I_C / \Delta I_B$$

三极管三电极电流之间的关系为

$$I_E = I_C + I_B \approx I_C$$

三极管工作在放大状态时有

$$I_C \approx \beta I_B$$

3. 三极管的参数 β 表示电流放大能力;I_{CBO},I_{CEO} 表明三极管的温度稳定性;I_{CM},P_{CM},$U_{(BR)CEO}$ 规定了三极管的安全工作范围。

4. 放大器的主要功能是将输入信号不失真地放大。放大器的核心是三极管。要不失真地放大交流信号,必须给放大器设置合适的静态工作点,以保证三极管始终工作在放大区。

5. 放大器的分析方法主要有近似估算法和图解分析法两种。

用近似估算法时应注意:分析静态工作点(I_{BQ},I_{CQ},U_{CEQ})用直流通路;分析动态性能(A_u,R_i,R_o)用交流通路。

6. 图解法要作直流负载线和交流负载线。该负载线用来分析放大器的动态特性比较直观,尤其用于分析大信号电路。

7. 为了稳定静态工作点,常采用分压式偏置电路,这种电路使 I_{BQ},I_{CQ} 和 U_{CEQ} 与三极管的参数无关。特别是在维修工作中,当更换三极管时不必重新调整静态工作点,这给实际工作带来了很大的方便。

8. 放大器的四种耦合方式:阻容耦合、变压器耦合、直接耦合和光电耦合。

多级放大器的电压放大倍数等于各级电压放大倍数的连乘积,输入电阻等于第一级的输入电阻,输出电阻为末级的输出电阻。

9. 放大器中,把输出信号回送到输入回路的过程称为反馈。反馈放大器主要由基本放大器和反馈电路两部分组成。引入反馈的放大器称为闭环放大器,未引入反馈的放大器称为开环放大器。

10. 判断反馈的性质用瞬时极性法；判断反馈的类型关键是先找到反馈电路，然后根据反馈电路在输入/输出电路的连接方法不同来判断反馈的类型；直流反馈和交流反馈的判断是由反馈电路中的电容元件来确定。

11. 实际放大器中几乎都采用反馈。正反馈可组成振荡器，负反馈可改善放大器的性能。如直流负反馈可稳定静态工作点；交流负反馈以降低放大倍数为代价，使放大器的稳定性提高，减小非线性失真，改变输入/输出电阻。

习 题

1. 某共发射极单管放大器的输入电压 u_i，基极电流 i_b，集电极电流 i_c，输出电压 u_o 的波形如题图 2-1 所示。把表示这几个量的符号填写到与其对应的坐标轴旁。

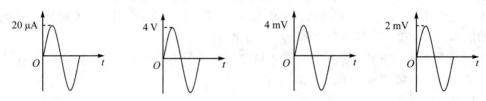

题图 2-1

2. 测得工作在放大状态的某三极管，其电流由题图 2-2 所示，在图中标出各管的引脚，并且说明三极管是 NPN 型还是 PNP 型。

3. 根据题图 2-3 所示的各三极管引脚对地电位数据，分析各管的情况。（说明是放大、截止、饱和或者哪个结已经开路或者短路。）

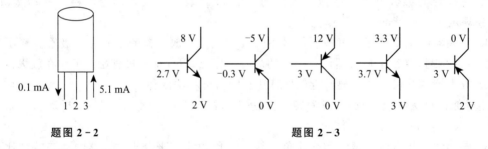

题图 2-2　　　　　　　　　　题图 2-3

4. 放大电路如题图 2-4(a)所示，当输入交流信号时，出现如题图 2-4(b)所示的输出波形，试判断是何种失真？如何才能使其不失真？

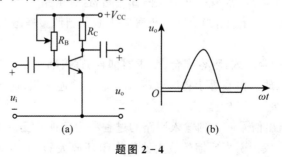

题图 2-4

5. 晶体管放大电路的偏置电流与工作状态有何关系？

6. 判断题图 2-5 所示电路有无正常的电压放大作用？为什么？

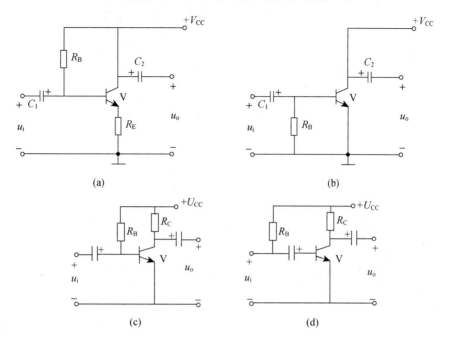

题图 2-5

7. 放大器如题图 2-6 所示，已知：$V_{CC}=12$ V，$R_B=300$ kΩ，$R_C=4$ kΩ，$\beta=60$，$R_L=4$ kΩ。试求：

① 放大器的静态工作点（忽略 U_{BE}）；

② 三极管的 r_{be}；

③ 输出端未接负载时的电压放大倍数 A_u；

④ 输出端接负载时的电压放大倍数 A'_u；

⑤ 输入电阻 R_i 和输出电阻 R_o。

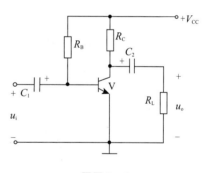

题图 2-6

8. 放大器如题图 2-7(a) 所示，已知：$V_{CC}=12$ V，$R_B=300$ kΩ，$R_C=3$ kΩ，$R_L=6$ kΩ，三极管的输出特性曲线如题图 2-7(b) 所示。

① 作直流负载线；

② 确定静态工作点 Q，并由图读出 I_{CQ} 和 U_{CEQ}；

③ 作交流负载线。

9. 叙述差分放大电路中 R_E 的作用。

10. 分压式偏置放大器如题图 2-8 所示。已知：$V_{CC}=16$ V，$R_{B1}=60$ kΩ，$R_{B2}=20$ kΩ，$R_C=3$ kΩ，$R_E=2$ kΩ，$R_L=6$ kΩ，$\beta=60$。

① 画出直流通路和交流通路；

② 求静态工作点；

③ 求电压放大倍数 A_u、输入电阻 R_i 和输出电阻 R_o；

④ 假定环境温度升高，试表述稳定工作点的过程。

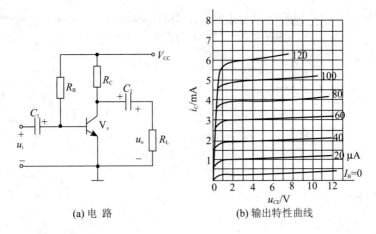

(a) 电 路　　(b) 输出特性曲线

题图 2-7

11. 分压式偏置电路接上发射极交流旁路电容 C_E 后是否影响静态工作点？为什么？

12. 放大电路各级之间的耦合有哪几种？各级之间耦合时应满足哪些条件？

13. 有一射极输出器如题图 2-9 所示。若已知晶体管的 $\beta=50$，$R_B=80\ \text{k}\Omega$，$R_E=800\ \Omega$，$r_{be}=0.45\ \text{k}\Omega$。试求：

① 静态工作点（I_B、I_C、U_{CE}）；

② 输入电阻 R_i；

③ 电压放大倍数 A_u。

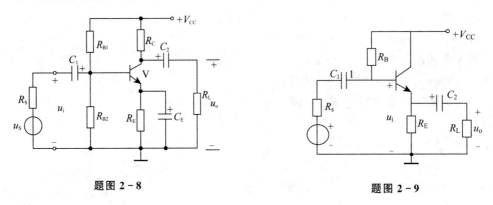

题图 2-8　　　　　　　　　　题图 2-9

14. 设某基本放大电路原来没有削波失真，现增大 R_B，则静态工作点向_____方向移动，较容易引起_____失真。

15. 在分压式偏置电路中，若上偏流电阻 R_{B1} 减小，而晶体管始终处在放大状态，则基极偏流 I_B_____，集电极电流 I_C_____，管压降_____。

16. 某放大电路的输出电阻是 1.5 kΩ，空载时输出电压是 3 V，则当接上 4.5 kΩ 的负载后，输出电压是_____V。

17. 由于接入负反馈，则反馈放大电路的 A_u 就一定是负值，接入正反馈后 A_u 一定是正值，对吗？

18. 三极管微变等效电路变换的条件是小信号静态分析，对吗？

19. 判断题图 2-10 中 R_f 是否为负反馈，若是，判断反馈的组态。

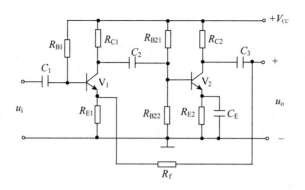

题图 2-10

20. 分析指出题图 2-11 所示电路中的反馈元件和反馈的极性,确定反馈类型,并且分析这些反馈元件对电路性能的影响。

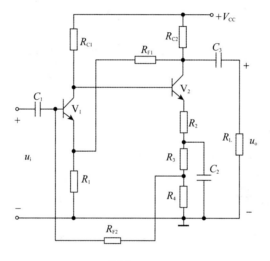

题图 2-11

第 3 章　集成运算放大器及其应用

集成电路是 20 世纪 60 年代初发展起来的一种新型器件,它采用半导体集成工艺,把众多二极管、三极管、电阻、电容及导线集中在一块半导体基片上,组成管体一路,再用塑料或陶瓷封装,制成集成电路。与分立元件电路相比,集成电路具有性能好、体积小、外部接线少、功耗低、可靠性高、灵活性高、价格低等优点。

集成电路分为数字集成电路和模拟集成电路两大类。集成运算放大器是一种模拟集成电路,由于早期主要用于数学运算,故称运算放大器,又称集成运放,或简称运放。随着电子技术的不断发展,集成运放的应用已不限于数学运算,而是作为一种具有很高开环电压放大倍数的直接耦合放大器,广泛用于模拟运算、信号处理、测量技术、自动控制等领域。

3.1　集成运放的主要参数和工作特点

3.1.1　集成运算放大器

1. 集成运放的组成

集成运放是集成运算放大器的简称,其内部电路一般由以下四部分组成,如图 3-1(a)所示。

(1) 输入级

通常是由三极管构成有源负载的差分放大器,目的是尽量减小零漂,提高 KCMRR,提高输入阻抗 r_i。

(2) 中间级

中间级的主要作用是具有足够大的电压放大倍数,通常采用复合管组成放大器,目的是改善单管的放大性能。

(3) 输出级

通常是由复合射极输出器或互补对称射极输出器组成,目的是使输出阻抗 r_o 小,以便提高带负载能力,有足够的输出电流 i_o。

(4) 偏置电路

偏置电路为各级提供稳定、合适的静态工作点。

图 3-1(b)所示为简单集成运放的原理图。三极管 V_1 和 V_2 组成带恒流负载的差分放大器作为输入级。V_3 和 V_4 组成复合管,主要起电压放大作用,作为中间级。V_5 和 V_6 构成复合射极输出器,是输出级。

2. 集成运放的图形符号与外形

集成运放的图形符号如图 3-2 所示,是国际标准符号。图中"▷"表示放大器,三角形所指方向为信号传输方向,"∞"表示开环增益极高。它有两个输入端和一个输出端。同相输入端标"+"(或 P),表示输出端信号与该端输入信号同相。反相输入端标"−"(或 N),表示输出

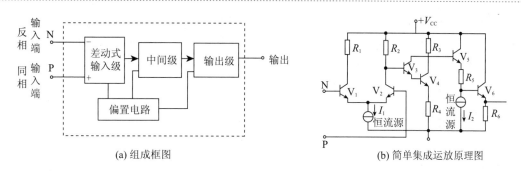

(a) 组成框图 　　　　　　　(b) 简单集成运放原理图

图 3-1　集成运放的组成

端信号与该端输入信号反相。输出端的"+"表示输出电压为正极性，u_o 为输出电压。

实际集成运放有圆壳式封装、扁平式封装和双列直插式封装等，如图 3-3 所示。目前前面两种已不再使用，正在使用的是双列直插式封装。集成运放的引脚除输入/输出三个端外，还有电源端、公共端(地端)、调零端、相位补偿端、外接偏置电阻端等。这些引脚虽未在电路符号上标出，但在实际使用时必须了解各引脚的功能及外接线的方式。

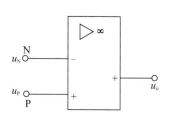

图 3-2　集成运放的图形符号

(a) 外形 1　　　　　(b) 外形 2　　　　　(c) 外形 3

(d) 外形 4　　　　　(e) 外形 5　　　　　(f) 外形 6

图 3-3　集成运放外形

3. 集成运放的电压传输特性

集成运放的输出电压与输入电压(即同相输入端与反相输入端之间的差值电压)之间的关系曲线称为电压传输特性。对于正、负两路电源供电的集成运放，其电压传输特性如图 3-4(a)所示。

曲线分线性区(图中斜线部分)和非线性区(图中斜线以外的部分)。在线性区，输出电压 u_o 随输入电压 $(u_P - u_N)$ 的变化而变

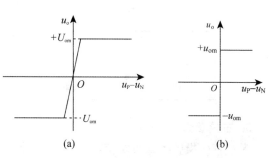

图 3-4　集成运放的电压传输特性

化;但在非线性区,u_o只有两种可能:或是$+u_{om}$(正饱和),或是$-u_{om}$(负饱和)。

由于外电路没有引入负反馈,集成运放的开环增益非常高,只要加很微小的输入电压,输出电压就会达到最大值$\pm u_{om}$,所以集成运放电压传输特性中的线性区非常窄,如图3-4(a)所示。理想运放传输特性无线性区,只有正、负饱和区,如图3-4(b)所示。

3.1.2 集成运放的主要参数

1. 分 类

集成运放按电路特性分类可分为通用型和专用型等。所谓通用型,是指这种运放的性能指标基本上兼顾了各方面的使用要求,没有特别的参数要求,可满足一般应用的需要。专用型又称为高性能型,它有一项或几项特殊要求,可在特定场合或特定要求下使用。

2. 封 装

集成运放封装有塑料双列直插式、陶瓷扁平、金属圆壳封装等多种,有的还带有散热器。部分集成运放电路的外形如图3-5所示。金属圆壳封装的外引脚数有8,10,12三种;双列直插式封装的外引脚数有8,14,16三种。集成运放的常用引脚符号及功能如表3-1所列,供参考。

(a) 圆壳式　　(b) 扁平式　　(c) 双列直插式

图3-5 部分集成运放的外形

表3-1 集成运放的引脚及其功能

引脚符号	功 能	引脚符号	功 能
V_+(或V_{CC})	正电源输入端	CX	外接电容端
V_-(或V_{EE})	负电源输入端	DR	比例分频端
VS	表示供电电源	GND	接地端
IN$_-$	反相输入端	GNDS	信号接地端
IN$_+$	同相输入端	GNGD	功率接地端
AZ	自动调零端	NC	空脚
BI	偏置电流输入端	OA	调零端
BOOSTER	负载能力扩展端	OSC	振荡信号输出端
COMP	相位补偿端	S	选编端
CR	外接电阻及电容公共端	OUT	输出端

3. 主要参数

为了表征集成运放的性能,生产厂家制定了很多参数,作为合理选择和正确使用集成运放的依据。下面介绍几项主要的参数,如表3-2所列。

表 3-2 集成运算放大器的主要参数

参　数	符　号	说　明
开环差模电压放大倍数	A_{uo}	它是运放在开环状态下输出电压 u_o 与输入的差模电压 $(u_{i1}-u_{i2})$ 之比。A_{uo} 越大，其运算精度也就越高
输入失调电压	u_{io}	为使集成运放输出电压为零，在输入端附加的补偿电压称为输入失调电压。它反映集成运放输入级差分放大部分参数的不对称程度，u_{io} 越小越好
输入失调电流	I_{io}	在输入信号为零时，补偿同相和反相两输入端静态基极电流之差的电流。如果输入级理想对称，则 I_{io} 应为 0，一般在 0.1～0.01 mA 范围内。I_{io} 越小越好
最大输出电压幅度	u_{om}	能使输出电压和输入电压保持不失真关系的最大输出电压
输入偏置电流	I_{iB}	当输入信号为零时，两输入端输入的静态基极电流的平均值，一般在 1 mA 以下。I_{iB} 越小零漂越小
最大差模输入电压	u_{idm}	集成运放正常工作时，在两个输入端之间允许加载的最大的差模输入电压，使用时差模输入电压不能超过此值
最大共模输入电压	u_{icm}	集成运放两输入端之间所能承受的最大共模电压。如果共模输入电压超过此值，集成运放的共模抑制性能明显下降，甚至造成器件的损坏
差模输入电阻	r_{id}	集成运放的两输入端加入差模信号时的交流输入电阻。此值越大，集成运放向信号源索取的电流越小，运算精度越高
开环输出电阻	r_o	集成运放无反馈时的输出电阻，一般在 20～200 Ω。r_o 越小带载能力越强
共模抑制比	CMRR	综合衡量运放的放大能力和抑制共模能力。CMRR 越大越好

3.1.3 集成运放的工作特点

1. 集成运放的理想特性

在分析集成运放所组成的电路时，为了使问题简化，通常把集成运放看成是一个理想器件，其等效电路如图 3-6 所示。它具备以下理想特性：

① 开环差模电压放大倍数 $A_{ud}=\infty$；
② 开环差模输入电阻 $r_i=\infty$；
③ 输出电阻 $r_o=0$；
④ 共模抑制比 $K_{CMR}=\infty$；
⑤ 频带宽度 $f_{BW}=\infty$。

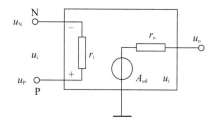

图 3-6 理想运放等效电路

2. 理想运放工作在线性区的特点

运放电路是工作在线性区还是工作在饱和区，主要取决于运算放大器外接反馈电路的性质。一般来讲，当运放外接负反馈时，运放工作于线性区；当运放工作于开环或正反馈状态时，通常处于非线性限幅状态，即工作于正、负饱和区。

由于 A_{ud} 越大，运放的线性范围越小，必须在输出与输入之间加负反馈才能使其工作于线性区。这时输出电压与输入差模电压满足线性放大关系，即 u_o 为有限值，而理想运放 $A_{ud}=\infty$，因而净输入电压为 0，相当于两输入端之间短路，但又未真正短路，故称"虚短"。如果有一个输入端接地，则另一个 $u_o=A_{ud}(u_P-u_N)$，$u_P=u_N$，输入端接近但未真正接地，故称"虚地"。

又由于理想运放输入电阻 $r_i = \infty$，故可认为流进运放输入端的电流近似为零。相当于两输入端之间断路，但又未真正断路，故称"虚断"。$u_P = u_N$，$i_P = i_N = 0$ 是简化和分析运放的两个重要依据。

3. 理想运放工作在非线性区的特点

理想运放工作在非线性区时，一般为开环或电路引入了正反馈，输入和输出之间不再具备线性放大关系。其特点是：

① 当 $u_P > u_N$ 时，$u_o = +u_{om}$；当 $u_P < u_N$ 时，$u_o = -u_{om}$。

$u_P \neq u_N$，可见理想运放工作在非线性区时电路不再具有"虚短"特性。这是运放非线性工作状态不同于线性工作状态的主要区别。所以分析前，必须首先确定运放是否工作在线性区。

② 由于理想运放输入电阻 $r_i = \infty$，故净输入电流为零，即

$$i_P = i_N = 0$$

可见，理想运放工作在非线性区时仍具有"虚断"特性。

3.1.4 集成运放的两种基本电路

1. 反相放大器

电路如图 3-7 所示，其特点是输入信号和反馈信号都加在集成运放的反相输入端。图中 R_F 为反馈电阻，R' 为平衡电阻，取值为 $R' = R_1 // R_F$。接入 R' 是为了使集成运放输入级的差分放大器对称，有利于抑制零漂。

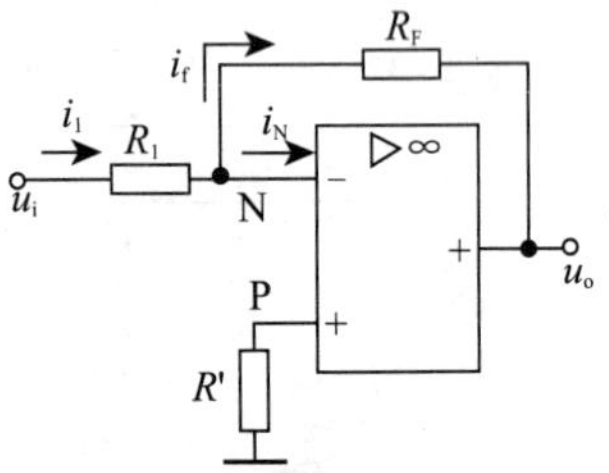

由于同相输入端接地，根据"虚短""虚地"概念，则有 $u_P = u_N = 0$；又根据"虚断"特性，净输入电流为零，故有 $i_1 = i_f$，由图 3-7 可得

$$\frac{u_i - u_N}{R_1} = \frac{u_N - u_o}{R_F}$$

图 3-7 反相放大器

放大器的电压放大倍数为

$$A_{uf} = \frac{u_o}{u_f} = -\frac{R_F}{R_1}$$

由上式可知，反相比例运算放大器的闭环电压放大倍数 A_{uf} 的大小仅取决于电阻 R_F 与 R_1 的比值，而与运放本身参数无关，故 A_{uf} 的精度和稳定性也很高。式中，负号表示 u_o 与 u_i 反相，故称反相放大器。又由于 u_o 与 u_i 成比例关系，故又称反相比例运算放大器。若取 $R_F = R_1 = R$，则比例系数为 -1，电路便成为反相器。

该电路所引入的反馈是深度电压并联负反馈，输出电阻很小，但输入电阻却因此而降低。

2. 同相放大器

电路如图 3-8(a)所示，利用"虚短"特性(注意同相输入时无"虚地"特性)，可得

$$u_P = u_N = u_i$$

又根据"虚断"特性，$i_N = 0$，可得

$$u_N = \frac{R_1}{R_1 + R_F} u_o$$

所以

$$A_{uf} = \frac{u_o}{u_i} = 1 + \frac{R_F}{R_1}$$

由上式可知，同相比例运算放大电路的闭环电压放大倍数 A_{uf} 的大小仅取决于电阻 R_F 与 R_1 的比值，而与运放本身参数无关，故 A_{uf} 的精度和稳定性很高。由于该电路 u_o 与 u_i 同相且 u_o 与 u_i 成比例关系，故称同相比例运算放大器。若令 $R_F=0$，$R_1=\infty$（即开路状态），如图 3-8(b) 所示，则比例系数为 1，电路成为电压跟随器。

该电路所引入的反馈是深度电压串联负反馈，输出电阻很小，输入电阻大。

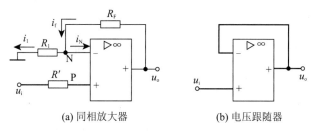

图 3-8 同相放大器和电压跟随器

反相放大器和同相放大器是由集成运放所构成的最基本的运算电路，下面所介绍的信号运算电路都是在这两种放大器的基础上演变而来的。

3.2 信号运算电路

3.2.1 加法运算电路

能实现输出电压与几个输入电压之和成比例的电路称为加法运算电路。有同相加法电路和反相加法电路之分。本节只介绍反相输入加法电路。图 3-9 所示为具有三个输入端的反相输入加法运算电路。为满足电路平衡要求，平衡电阻 $R'=R_1//R_2//R_3//R_F$。

电路通过 R_F 为电路引入了电压并联负反馈，所以该电路工作在线性应用状态。根据"虚短"和"虚断"的特性，应用结点电流定律可得

$$u_o = -\left(\frac{R_F}{R_1}u_{i1} + \frac{R_F}{R_2}u_{i2} + \frac{R_F}{R_3}u_{i3}\right) \tag{3-1}$$

若 $R=R_1=R_2=R_3$，则

$$u_o = -\frac{R_F}{R}(u_{i1}+u_{i2}+u_{i3})$$

上式表明，输出电压与输入电压之和成比例。如果再设 $R=R_F$，则输出电压为

$$u_o = -(u_{i1}+u_{i2}+u_{i3})$$

如果选取电路参数：$R_1=R_2=R_3=R_F$，则输出电压为

$$u_o = -(u_{i1}+u_{i2}+u_{i3})$$

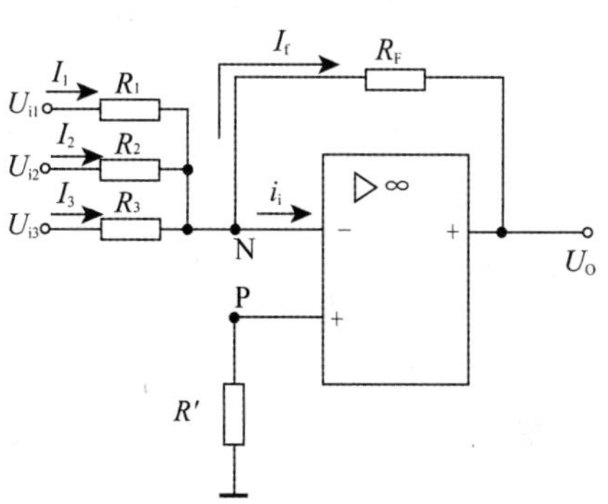

可见，输出电压等于各个输入电压之和，实现加法运算。式中负号表示输出电压和输入电压相位相反。该电路常用在测量和控制系统中，对各种信号按不同比例进行组合运算。

图 3-9 加法运算电路

例 3-1 在图 3-9 所示电路中，若 $R_1=100\ \text{k}\Omega$，$R_2=50\ \text{k}\Omega$，$R_3=20\ \text{k}\Omega$，$R_F=10\ \text{k}\Omega$，试写

出输出电压与输入电压的表达式,并求平衡电阻 R' 的值。

解:根据"虚短"和"虚断"的概念得

$$u_o = -\left(\frac{R_F}{R_1}u_{i1} + \frac{R_F}{R_2}u_{i2} + \frac{R_F}{R_3}u_{i3}\right) = -\left(\frac{10}{100}u_{i1} + \frac{10}{50}u_{i2} + \frac{10}{20}u_{i3}\right) = -(0.1u_{i1} + 0.2u_{i2} + 0.5u_{i3})$$

平衡电阻 $\qquad R' = R_1 // R_2 // R_3 // R_F \approx 5.6 \text{ k}\Omega$

3.2.2 减法运算电路

减法运算电路利用双端输入进行减法运算,输出与输入信号之差成比例,构成了典型的差分输入放大电路,如图 3-10 所示,即反相端和同相端都有输入信号,可见该电路是同相比例运算放大电路和反相比例运算放大电路的组合。根据外接电阻的平衡要求,应满足 $R_1 // R_F = R_2 // R_3$。

因运放外接负反馈,因而工作于线性状态,输出电压 u_o 可用叠加原理求得,即先求 u_{i1} 单独作用时的输出电压 u_{o1},则

$$u_{o1} = -\frac{R_F}{R_1}u_{i1}$$

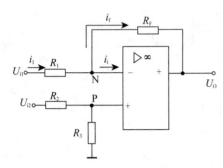

图 3-10 减法运算电路

再求 u_{i2} 单独作用时的输出电压 u_{o2} 为

$$u_{o2} = \left(1 + \frac{R_F}{R_1}\right)\left(\frac{R_3}{R_2 + R_3}\right)u_{i2}$$

最后求 u_{i1} 与 u_{i2} 共同作用时输出电压 u_o,即

$$u_o = u_{o1} + u_{o2} = \left(1 + \frac{R_F}{R_1}\right)\left(\frac{R_3}{R_2 + R_3}\right)u_{i2} - \frac{R_F}{R_1}u_{i1}$$

当 $R_1 = R_2$,$R_F = R_3$ 时,上式简化为

$$u_o = \frac{R_F}{R_1}(u_{i2} - u_{i1})$$

上式表明,输出电压 u_o 与两个输入电压的差值成正比,也就是说该电路对差模输入电压进行放大,故称为差分放大,如果取 $R_F = R_1$,则

$$u_o = u_{i2} - u_{i1}$$

可见,输出电压等于两输入电压之差,实现了减法运算功能。当 $u_{i2} = u_{i1}$ 时,$u_o = 0$,表明电路对共模信号无放大作用,故这种减法运算电路既能放大差模信号,又能抑制共模信号,是应用最广泛的运放电路之一。

例 3-2 电路如图 3-11 所示,$R = R_1 = R_2 = R_3 = 10 \text{ k}\Omega$,$R_{F1} = 51 \text{ k}\Omega$,$R_{F2} = 100 \text{ k}\Omega$,$u_{i1} = 0.1 \text{ V}$,$u_{i2} = 0.3 \text{ V}$,求 u_{o1} 和 u_o。

解:本电路是由两级集成运放组成,第一级为反相比例运算放大电路,因此得

$$u_{o1} = \frac{R_{F1}}{R_1}u_{i1} = \left(-\frac{51}{10} \times 0.1\right) \text{ V} = -0.5 \text{ V}$$

第二级为加法运算电路,根据"虚短"和"虚断"的概念得

$$u_o = -R_{F2}(u_{o1} + u_{i2})/R = [-100(-0.51 + 0.3)/10] \text{ V} = 2.1 \text{ V}$$

从上述电路的运算可见,将一个信号先反相,再利用求和的方法也可实现减法运算。

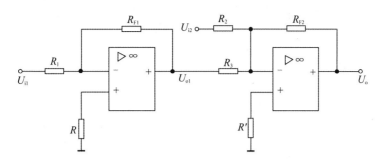

图 3-11 例 3-2 用图

3.2.3 积分运算电路

若将反相放大器中的反馈电阻 R_f 用电容 C 代替,便构成积分运算电路,如图 3-12 所示。根据"虚短"、"虚地"的特性,得

$$u_P = u_N = 0$$

因输出电压和电容电压大小相等,方向相反,故

$$u_o = -u_C$$

且

$$i_R = \frac{u_i}{R}$$

根据"虚断"特性,又有

$$i_R = i_C$$

而电容两端电压等于其电流的积分,故

$$u_o = -u_C = -\frac{1}{C}\int i_C dt = -\frac{1}{RC}\int u_i dt$$

式中,RC 称为积分时间常数。上式表明,输出电压 u_o 与输入电压 u_i 是积分关系,负号表明输出与输入相位相反。设电容 C 上初始电压为零,当 u_i 为一阶跃直流电压时,输出电压波形如图 3-13(a)所示;当输入为方波信号时,输出端可得到三角波,输出电压波形如图 3-13(b)所示。利用积分运算电路可实现延时、定时和变换,在自动控制系统中可用以减缓过渡过程所形成的冲击,使外加电压缓慢上升,避免机械损坏。

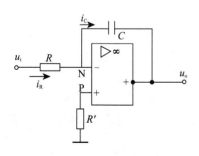

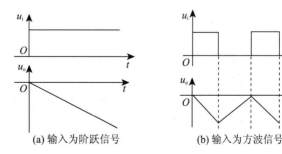

(a) 输入为阶跃信号　　(b) 输入为方波信号

图 3-12 积分运算电路　　图 3-13 积分运算电路输入/输出波形

3.2.4 微分运算电路

反相输入运算放大电路中,用电容 C 代替 R_1 接在放大器的输入端时,就构成了微分电

路,如图 3-14 所示。根据"虚断"得

$$i_R = i_C = C\frac{du_i}{dt}$$

根据"虚短""虚地"得

$$u_o = -i_R R = -RC\frac{du_i}{dt}$$

式中,RC 称为微分时间常数。上式表明,输出电压 u_o 与输入电压 u_i 之间呈微分关系,负号表明输出与输入相位相反。

若输入如图 3-15(a)所示的方波,且 $RC < t_P$(t_P 为脉冲宽度),则输出信号为尖脉冲波形,如图 3-15(b)所示。

由于微分运算电路的输出电压与输入电压的变化率成正比,所以它对高频干扰非常敏感。在实用的微分运算电路中,为了提高其工作稳定性,常在输入回路中串联一个小电阻 R_1,以限制输入电流;在反馈电阻两端并联双向稳压管,以限制输出幅度;并且再并联一个小电容 C_2,以加强对高频噪声的负反馈。其电路如图 3-16 所示。

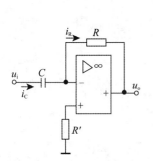

图 3-14 微分运算电路

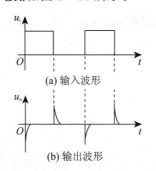

图 3-15 微分运算电路输入/输出波形

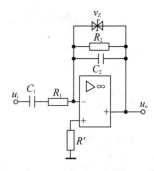

图 3-16 实用微分运算电路

在自动控制电路中,微分运算电路常用于产生控制脉冲。

3.3 电压比较器与方波发生器

3.3.1 单门限电压比较器

比较器是运放非线性应用的最基本电路,用于对输入信号电压 u_i 和参考电压 u_R 进行比较和鉴别。当两者相等时产生跃变,由此判别输入信号的大小和极性。图 3-17(a)为最简单的比较器电路,电路中无反馈环节,所以运放工作在开环状态下,参考电压 u_R 为基准电压,可为正或为负,也可为零。参考电压 U_R 接在同相输入端,信号电压 u_i 加在反相输入端并与 u_R 进行比较和鉴别。

分析非线性运放电路的依据:$u_+ > u_-$ 则输出为 $+u_{om}$;反之输出为 $-u_{om}$。由此可得:

若 $U_R > 0$,比较器的传输特性曲线如图 3-17(b)所示。当输入电压 u_i 小于参考电压 u_R 时,集成运放输出电压为 $+U_{om}$;当输入电压 u_i 大于参考电压 U_R 时,集成运放输出电压为 $-U_{om}$。

若 $U_R < 0$,比较器的传输特性曲线如图 3-17(c)所示。

若 $U_R=0$，比较器称过零比较器，传输特性曲线如图 3-17(d)所示。

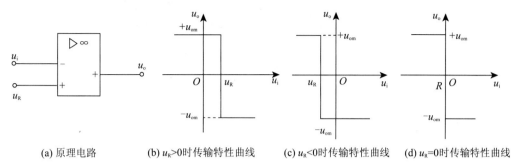

(a) 原理电路　　(b) $u_R>0$时传输特性曲线　　(c) $u_R<0$时传输特性曲线　　(d) $u_R=0$时传输特性曲线

图 3-17　单门限电压比较器

利用比较器可以实现波形变换。例如，当 $U_R>0$，比较器输入正弦波，相应的输出电压便是矩形波，如图 3-18 所示。

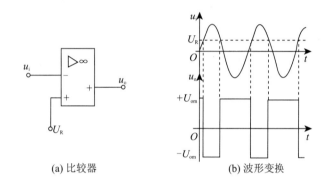

(a) 比较器　　(b) 波形变换

图 3-18　利用比较器实现波形变换

在上述比较器中，输入电压只跟一个参考电压 U_R 相比较，即只产生一次跳变，故称为单门限电压比较器。这种比较器虽然电路结构简单，灵敏度高，但抗干扰能力较差，当输入电压 u_i 因受干扰在参考值附近反复发生微小变化时，输出电压也会频繁地反复跳变，从而运放就失去稳定性，使运放无法工作。采用双门限电压比较器实现波形变换可以较好地解决这一问题。

3.3.2　双门限电压比较器

双门限电压比较器又称迟滞比较器，也称施密特触发器。它是一个含有正反馈网络的比较器，其原理电路和传输特性曲线如图 3-19 所示。

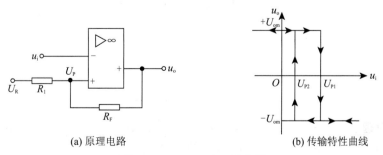

(a) 原理电路　　(b) 传输特性曲线

图 3-19　双门限电压比较器

输出电压 u_o 经 R_F 和 R_1 分压后加到集成运放的同相输入端,形成正反馈,运放工作于非线性状态。输出端 u_o 有两种稳态值 $+u_{om}$ 和 $-u_{om}$,则门限电压 u_P 便有两个相对应的值。

当 $u_o = +U_{om}$ 时,门限电压用 U_{P1} 表示。根据叠加原理,可得

$$U_{P1} = \frac{R_F}{R_F + R_1} U_R + \frac{R_1}{R_F + R_1} U_{om}$$

当输入电压 u_i 逐渐增大直至 $u_i = u_{P1}$ 时,输出电压 u_o 发生翻转,由 U_{om} 跳变为 $-U_{om}$,门限电压随之变为

$$U_{P2} = \frac{R_F}{R_F + R_1} U_R - \frac{R_1}{R_F + R_1} U_{om}$$

当 u_i 逐渐减小,直至 $u_i = u_{P2}$ 时,输出电压再度翻转,由 $-U_{om}$ 跳变为 U_{om}。两个门限电压之差称为回差电压,用 ΔU_P 表示,可得

$$\Delta U_P = U_{P1} - U_{P2} = \frac{2R_1}{R_F + R_1} U_{om}$$

上式表明,回差电压 ΔU_P 与参考电压 U_R 无关,表示在 $u_{P1} < u_i < u_{P2}$ 区间内,u_o 不会跳变,电路不会做出响应,如图 3-19(b) 所示。其传输特性具有滞回的特点,故称为滞回比较器,是一种双限比较器。

利用双门限电压比较器可以大大提高抗干扰能力。例如,当输入信号受到干扰或含有噪声信号时,只要其变化幅度不超过回差电压,输出电压就不会在此期间来回变化,而仍然保持为比较稳定的输出电压波形,如图 3-20 所示。

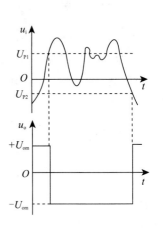

图 3-20 双门限电压比较器的抗干扰作用

3.3.3 方波发生器

由双门限电压比较器再加上 RC 负反馈电路,便可组成方波(矩形波)发生器,如图 3-21(a) 所示。输出端由稳压管 V_Z 组成双向限幅器,即输出电压的最大限幅(最大幅度)为 $+U_Z$ 或 $-U_Z$。

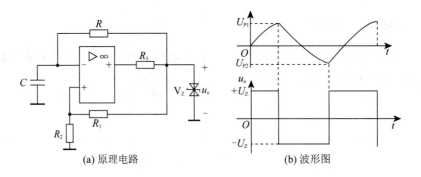

(a) 原理电路 (b) 波形图

图 3-21 方波发生器

1. 工作原理

假设开始时以 $u_N = u_C(t) = 0$,且 $u_o = U_Z$,则门限电压

$$U_{P1} = \frac{R_2}{R_1+R_2} U_Z$$

此时 $U_N < U_{P1}$，确保输出电压 $u_o = U_Z$。u_o 经电阻 R 对电容 C 充电，使 u_C 由零逐渐上升，当 $u_C(t) > U_{P1}$ 时，输出电压 u_o 发生翻转，由 U_Z 跳变为 $-U_Z$，门限电压随之变为

$$U_{P2} = -\frac{R_2}{R_1+R_2} U_Z$$

此后电路的输出电压 $u_o = -U_Z$，对电容 C 反向充电（即电容 C 放电），$u_C(t)$ 逐渐下降，当 $u_C(t)$ 下降至 U_{P2} 值时，输出电压 u_o 又从 $-U_Z$ 翻回到 U_Z。如此周而复始，波形如图 3-20(b) 所示。

2. 振荡周期及其调节

方波周期与电容 C 的充放电时间有关，估算式为

$$T = 2RC \ln\left(1 + \frac{2R_2}{R_1}\right)$$

改变 R、C 或 R_1、R_2，即可改变方波的周期。若将电路适当改动，使电容充、放电时间不等，则输出信号便为矩形波。

3.4 使用集成运放应注意的问题

3.4.1 熟悉引脚

在使用集成运放前必须合理选择型号，熟悉各引脚功能和接线方法。目前使用的集成运放以双列直插式居多，其主要引脚排列规则如表 3-3 所列。

表 3-3 集成运放主要引脚排列

引脚数	主要引脚号排列				
	反相输入	同相输入	输 出	正电源	负电源
8	2	3	6	7	4
10	3	4	7	8	5
12	4	5	8	9	5
14	4	5	10	11	6

集成运放的引脚排列正日趋标准化，但目前各个厂家产品仍存在差别，使用者必须查阅手册或产品说明书。

3.4.2 简易测试

用万用表 $R \times 100$ 或 $R \times 1k$ 电阻挡测量集成运放同相输入端与反相输入端间的正反向电阻、各引脚对输出端间正反向电阻、各引脚对正电源端及负电源端的正反向电阻，将所测阻值与同型号集成运放正常值相比应较为接近；如果相差很大，甚至出现短路和断路现象，一般是集成运放已损坏。

也可将集成运放接成如图 3-22 所示电压跟随器。接通电源，用万用表直流电压挡测量输出电压。调节 R_P，输出电压

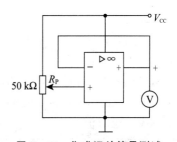

图 3-22 集成运放简易测试

应能在接近 $0 \sim V_{CC}$ 的范围内变化,如果调节时输出电压不变或变化很小,表明集成运放已损坏。

3.4.3 调 零

为了补偿由输入失调电压引进的误差,需要对集成运放进行调零。常用的方法是先将两输入端对地短路,调整外接调零电位器(见图 3-23),使输出电压为零。如果电路已引入负反馈,调整零电位器时输出电压无变化,则可能是接线错误、电路虚焊或集成运放损坏。

3.4.4 消除自激振荡

集成运放开环电压放大倍数很大,容易引起自激振荡。自激振荡就是当运放输入信号为零时,输出端存在近似正弦波的高频电压信号。为了消除自激振荡,应加强对电源的滤波,合理设计电路板的布线,避免接线过长。同时要接好阻容补偿网络(见图 3-23 中的 R 和 C),具体参数和接法可查阅使用说明书。

注意:集成运放应先消振再调零。

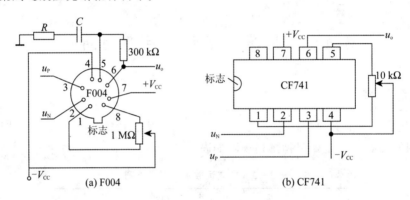

图 3-23 集成运放外接线图

3.4.5 集成运放的保护措施

1. 输入端的保护

图 3-24 在输入端接入反向并联的二极管,这样就可以保证输入信号电压过高时,运放的输入电压被限制在二极管的正向压降以下,从而不至于损坏运放的输入级。

2. 输出端的保护

如图 3-25 所示,运放正常工作时,输出电压值小于稳压值,即 $u_o < U_Z + U_F$,稳压管不会被击穿,该支路相当于断路,对运放的正常工作无影响,电路处在线性工作状态,输出电路成比例放大。一旦当输出电压值大于稳压值,即 $u_o > U_Z + U_F$ 时,其中一只稳压管就会被反向击穿,另一只稳压管就会正向导通,此时电路处在非线性工作状态,输出电路不成

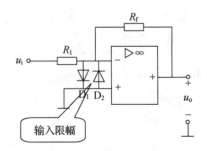

图 3-24 在输入端接入反向并联的二极管

比例放大,由于"虚地",则输出电压被限制在 U_Z+U_F 内,保护了输出端。其中,U_Z 为稳压管的稳压值,U_F 为稳压管的导通值。

3. 电源极性接错的保护

因为运放接有正、负电源,如图 3-26 所示。为了防止正、负电源极性接反(正接负或负接正)而损坏运算放大器组件,可将两只二极管 D_1 和 D_2 分别串联在运放的正、负电源电路中,如果正接负,负接正,则二极管 D_1、D_2 不导通,运放不工作,从而保护了运放。

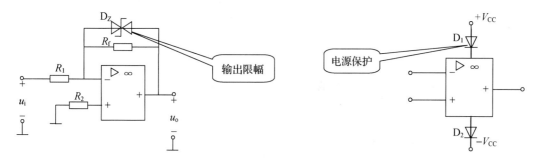

图 3-25　输出端的保护电路　　　　　图 3-26　防电源极性接反的保护电路

3.5　集成运算放大器应用举例

3.5.1　仪表用放大器

图 3-27 为用三个集成运放构成的仪表用放大器。其中,集成运放 A_1 和 A_2 组成对称的同相放大器,A_3 接成差分放大器。

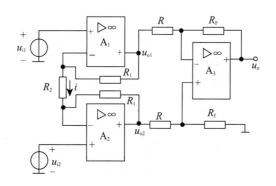

图 3-27　仪表用放大器

利用"虚断"和"虚短"特性,可知加在 R_2 两端的电压为 $u_{i1}-u_{i2}$,相应通过 R_2 的电流 $i=\dfrac{u_{i1}-u_{i2}}{R_2}$,可得

$$u_{o1}=iR_1+u_{i1}, \qquad u_{o2}=-iR_1+u_{i2}$$

所以

$$u_{o1}-u_{o2}=\left(1+\dfrac{2R_1}{R_2}\right)(u_{i1}-u_{i2})$$

$$u_o = -\frac{R_F}{R}(u_{o1} - u_{o2}) = -\frac{R_F}{R}\left(1 + \frac{2R_1}{R_2}\right)(u_{i1} - u_{i2})$$

总的电压放大倍数

$$A_u = \frac{u_o}{u_{i1} - u_{i2}} = -\frac{R_F}{R}\left(1 + \frac{2R_1}{R_2}\right)$$

上式表明,改变 R_2 可设定不同的 A_u 值,且 R_2 接在 A_1 和 A_2 的反相输入端之间,调节 R_2 时不会影响电路的对称性,因此该电路对差模信号可具备足够大的放大能力。而当 $u_{i1} = u_{i2}$ 时,$i = 0, u_o = 0$,可见当输入信号中含有共模噪声时也能被有效地抑制。

3.5.2 过热保护电路

图 3-28 为用集成运放组成的过热保护电路。运放的输出通过电阻 R_6 使运放构成正反馈。正温度系数的热敏电阻 R_t 安装在功率器件的散热器上,通过它可以检测温度信号,并将其变换为电压信号。正常情况下,集成运放两个输入端的输入电压相等,三极管 V_1 截止,电路正常工作。当温度升高时,R_t 增大,同相输入端的输入电压增大,产生差值电压。当差值电压增大到一定数值时,三极管 V_1 导通,继电器 KT 动作,分断主电路,同时发光二极管 D_4 发光。调节 R_P 可改变过热设定值。

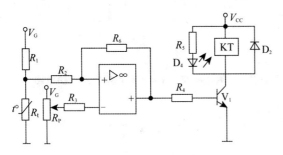

图 3-28 过热保护电路

本章小结

1. 集成运放电路具有体积小、质量轻、性能好、通用性强、价格便宜和使用方便等优点,故广泛应用在模拟电子技术中。除通用型之外,还有满足各种特殊要求的专用型集成运放,如低功耗、高输入阻抗型、宽带型、低漂移型等,可根据实际需要选用。

2. 在分析集成运放电路时,通常把它看成是一个理想元件,即开环电压放大倍数无穷大、差模输入电阻无穷大、共模抑制比无穷大以及开环输出电阻为零。

3. 集成运放有线性应用和非线性应用两大类。在线性应用中,集成运放的理想化条件:集成运放两输入端电位相等,即"虚短";集成运放两输入端电流均为零,即"虚断"。这时,输出电压和输入电压呈线性关系。在非线性应用时,理想化条件中"虚短"的概念不再成立,而"虚断"的概念仍然成立。输出电压只有两种状态: $+U_{om}$ 和 $-U_{om}$。

4. 集成运放工作在线性区域的标志是电路中引入有负反馈(一般是深度负反馈);工作在非线性区的主要标志是电路中没有负反馈(开环),或引入正反馈。

5. 集成运算放大器有反相比例运算电路和同相比例运算电路两种基本电路。其中反相比例运算电路是一种电压并联负反馈,信号从反相输入端输入,输出电压和输入信号电压成比例,且相位相反;同相比例运算电路是一种电压串联负反馈,信号从同相输入端输入,输出电压和输入信号电压成比例,且相位相同。这两种电路以及加法器和减法器都是集成运放的线性应用电路。

6. 电压比较器可用来判断输入信号电压与参考电压的大小。在电压比较器中,集成运放工作于非线性状态。双门限电压比较器引入了正反馈,电压传输特性曲线较陡,且有回差电压,提高了电路的抗干扰能力。

7. 简单的方波发生器可用双门限电压比较器加 RC 电路组成。改变 R,C 或改变正反馈电阻可以改变方波的周期。

8. 集成运放在使用时必须先查手册,接线要正确。要进行消振和调零。为避免集成运放损坏,还应在输入/输出端加接保护电路,以及为防止电源反向加接保护电路。

习　　题

1. 题图 3-1 所示的两个电路是否有相同的电压放大倍数?试说明其理由。

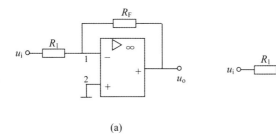

题图 3-1

2. 题图 3-1(a)所示电路属于什么电路,计算 R_F 的阻值。其中,$R_1=5.1\text{ k}\Omega, u_i=0.2\text{ V}, u_o=-3\text{ V}$。

3. 指出题图 3-2 所示电路属于什么电路,若 $R_F=100\text{ k}\Omega, u_i=0.1\text{ V}, u_o=2.1\text{ V}$,计算 R_1 的阻值。

4. 已知一集成运算放大器的开环电压放大倍数 $A_{uo}=10^4$,其最大输出电压 $U_{om}=\pm10\text{ V}$。电路工作在开环状态,如题图 3-3 所示,当 $U_i=0$ 时,$u_o=0$。试问:

(1) $U_i=\pm 0.8\text{ mV}$ 时,$U_o=?$

(2) $U_i=\pm 1\text{ mV}$ 时,$U_o=?$

(3) $U_i=\pm 1.5\text{ mV}$ 时,$U_o=?$

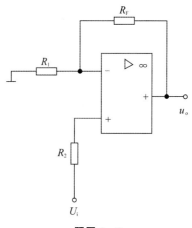

题图 3-2

5. 在题图 3-1(a)所示电路中,已知 $R_F=125\text{ k}\Omega$,$R_1=25\text{ k}\Omega, u_i=-1\text{ V}$,运算放大电路开环电压放大倍数 A_{uo} 为 10^5,求输出电压 u_o 及运放的输入电压 u_{12} 各为多少?

6. 指出题图 3-4 所示电路属于什么电路?其中 $u_{i1}=4\text{ V}, u_{i2}=-3\text{ V}, R_1=R_2=R_F=10\text{ k}\Omega$,试计算输出电压 u_o 值。

7. 画出输出电压 u_o 与输入电压 u_i 满足下列关系式的集成运放电路。

① $u_o/u_i=-1$　② $u_o/u_i=1$　③ $u_o/u_i=20$　④ $u_o/(u_{i1}+u_{i2}+u_{i3})=-10$

8. 在题图 3-5 中,已知 $u_{i1}=4\text{ V}, u_{i2}=-3\text{ V}, u_{i3}=-2\text{ V}$,试计算输出电压 u_o 值。

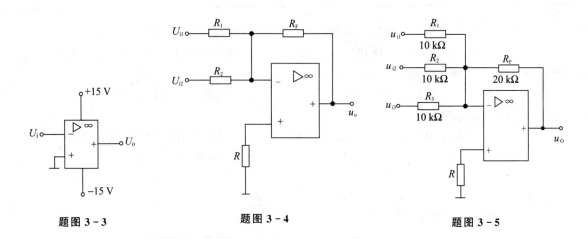

题图 3-3　　　　　题图 3-4　　　　　题图 3-5

9. 求题图 3-6 所示电路 u_o 与 u_i 之间的关系。

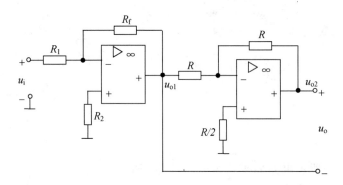

题图 3-6

10. 指出题图 3-7 所示电路属于什么电路？已知：$R_1 = 3\ \text{k}\Omega, R_2 = 10\ \text{k}\Omega, R_3 = 10\ \text{k}\Omega$，$R_{F1} = 51\ \text{k}\Omega, R_{F2} = 24\ \text{k}\Omega, u_{i1} = 0.1\ \text{V}, u_{i2} = 0.5\ \text{V}$。试计算 u_{o1} 和 u_o 的电压值。

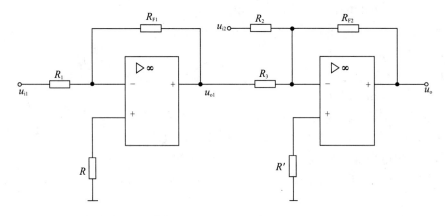

题图 3-7

11. 题图 3-8 所示为单门限电压比较器及其输入电压波形。试画出对应于输入电压 U_i 的输出电压 U_o 的波形。

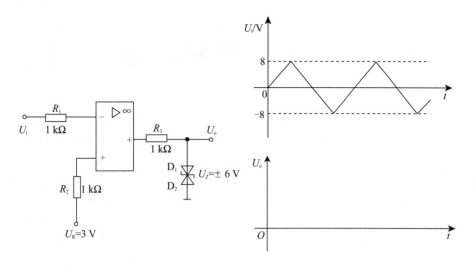

题图 3-8

12. 题图 3-9 所示为监控报警装置,如需要对某一参数(如温度、压力等)进行监控时,可由传感器取得监控信号 u_i,U_R 是参考电压。当 u_i 超过正常值时报警器灯亮。试说明其工作原理。二极管 D 和电阻 R_3 在此起何作用?

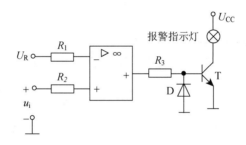

题图 3-9

13. 为什么集成运放在同相输入和反相输入时,闭环增益精度和稳定性高?
14. 精密放大电路最重要的特点是什么?
15. 电压传输特性包括哪三个运行区?
16. 减法运算电路利用_____可以进行减法运算。
17. 过零比较器就是当 U_i 过零时,U_o 就要发生_____。利用过零比较器可以实现信号的_____。
18. 构成反相滞回电压比较器,是比较器电路中引入了负反馈,对吗?
19. 同相比例运算器的输出电压与输入电压之比一定大于 1,对吗?

第 4 章 调谐放大器与正弦波振荡器

前面所学习的各种类型的放大电路,对频率在一定范围内的信号均可进行放大。如果需要放大器能在频率众多的信号中选出某一频率的信号加以放大,则应采用选频放大器。由于选频放大器通常都是利用 LC 谐振回路的谐振特性来选频,所以又称调谐放大器。

振荡器是以调谐放大器为基础再加正反馈网络构成的。它和放大器一样也是一种能量转换装置。但和放大器不同的是,放大器需要输入信号才能输出信号,而振荡器无须外加信号,就能自动产生一定频率、一定振幅和一定波形的交流信号。振荡器按输出波形不同,可分为正弦波振荡器和非正弦波振荡器。

正弦波振荡器在无线电技术、工业生产以及日常生活中都有广泛的应用。

4.1 调谐放大器

4.1.1 调谐放大器的工作原理

1. LC 并联谐振回路的选频特性

图 4-1 为 LC 并联谐振电路,R 为电感线圈中的电阻。当电路谐振时,

谐振频率 $f_0 \approx \dfrac{1}{2\pi\sqrt{LC}}$

阻抗 $Z_0 = \dfrac{L}{RC}$ (阻性)

谐振时,电路总电流很小,支路电流很大,电感与电容的无功功率互相补偿,电路呈阻性。

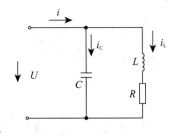

图 4-1 LC 并联谐振回路

2. 调谐放大器

如图 4-2(a)所示,用 LC 并联电路取代放大器中原负载电阻,则放大器即具有选频放大能力。它对于频率等于谐振频率的信号,输出电压最大,即具有最大的电压放大倍数 A_{uo},一旦信号频率偏离较大,则电压放大倍数明显下降,如图 4-2(b)所示。

这种表示调谐放大器的放大倍数与信号频率关系的曲线,称为调谐放大器的谐振曲线,它和 LC 并联电路的频率特性曲线密切相关。图 4-3(a)所示为 LC 并联电路的阻抗频率特性曲线,图 4-3(b)所示为 LC 并联电路的相位频率特性曲线。

电路谐振频率 $f_0 = \dfrac{1}{2\pi\sqrt{LC}}$

当信号频率 $f = f_0$ 时,LC 并联电路呈纯阻性且阻抗最大;

当 $f < f_0$ 时,$\varphi > 0$,LC 并联电路呈感性;

当 $f > f_0$ 时,$\varphi < 0$,LC 并联电路呈容性。

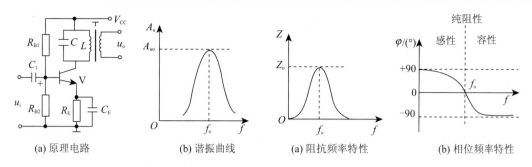

(a) 原理电路　　　　(b) 谐振曲线　　　　(a) 阻抗频率特性　　　　(b) 相位频率特性

图 4-2　调谐放大器原理　　　　图 4-3　LC 并联电路的频率特性

并联电路的品质因数 Q 定义为谐振时电路中感抗 X_L 或容抗 X_C 与等效损耗电阻 r 之比，即 X_L/r 或 X_C/r。r 越小，则 Q 值越大，阻抗频率特性曲线就越尖锐，LC 并联电路的选频特性也就越强。

4.1.2　单调谐放大器

单调谐放大器即每一级内只含有一个 LC 调谐电路，如图 4-4 所示。图中 LC 并联谐振回路采用电感线圈中间抽头方式接入三极管集电极电路中，目的是为了实现阻抗匹配以提高信号传输效率。阻抗匹配程度可由电感线圈抽头位置来调节。单调谐放大器结构简单，调整方便，但它的幅频特性曲线呈单峰，与理想的矩形谐振曲线相比差距很大，一般只能用于通频带和选择性要求不高的场合，如一些便携式收音机、收录机等。

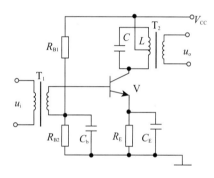

图 4-4　单调谐放大器

4.1.3　双调谐放大器

用 LC 调谐电路取代单调谐放大器的二次侧耦合线圈，这样在一级放大器内便含有两个互相耦合的调谐回路，称为双调谐放大器。图 4-5 所示为典型的互感耦合和电容耦合双调谐放大器。

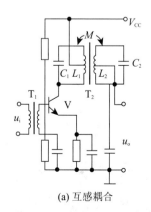 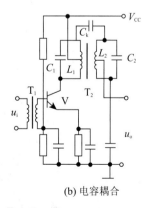

(a) 互感耦合　　　　(b) 电容耦合

图 4-5　双调谐放大器

互感耦合双调谐放大器仍靠互感来耦合,改变 L_1,L_2 之间的距离或调节磁心的位置即可改变耦合程度,从而改善通频带与选择性的指标。

电容耦合双调谐放大器通过外接电容 C_k 实现两个调谐回路之间的耦合,改变 C_k 的大小可改变耦合程度,同样可改善通频带与选择性的指标。

正确选择两个调谐回路之间的耦合程度,可以使放大器谐振曲线接近于矩形,使双回路调谐放大器在一定频率范围内具有良好的选择性。以电视图像中放调谐曲线为例,当耦合较松时,谐振曲线为单峰;随着耦合变紧,谐振曲线频带增宽,顶部渐平,直至出现对称于中心频率 f_0 的双峰,如图 4-6 所示。如果耦合过紧,双峰间隔加大,中间凹陷也加深,图像信号中各种频率分量放大倍数差异太大,因而影响图像质量。

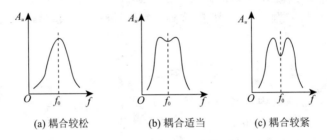

(a) 耦合较松　　　　(b) 耦合适当　　　　(c) 耦合较紧

图 4-6　双调谐回路谐振曲线

实用的调谐放大器往往是多级调谐放大器的组合。单调谐与双调谐的形式可以混合使用。

4.2　正弦波振荡器基本知识

4.2.1　正弦波振荡器的组成及分类

1. 正弦波振荡器的组成

正弦波振荡器是以调谐放大器为基础再加正反馈网络组成的,也可以看作是由放大电路、选频网络和反馈网络三部分所组成的,如图 4-7 所示。

图 4-7　正弦波振荡器组成框图

(1) 放大信号

利用三极管的电流放大作用,使电路具有足够大的放大倍数。

(2) 选频电路

它仅对某一特定频率的信号产生谐振,从而保证正弦波振荡器能输出具有单一信号频率的正弦波。

(3) 反馈网络

将输出信号正反馈到放大电路的输入端,作为输入信号,使电路产生自激振荡。

以图 4-8 所示电路为例,当开关 S 拨向"1"时,该电路为调谐放大器,当输入信号为正弦波时,放大器输出负载互感耦合变压器 L_2 上的电压为 u_f,调整互感 M 以及回路参数,可以使 $u_i = u_f$。

此时,若将开关 S 快速拨向"2"点,则集电极电路和基极电路都维持开关 S 接到"1"点时的状态,即始终维持着与 u_i 相同频率的正弦信号。这时,调谐放大器就变为自激正弦波振荡器。

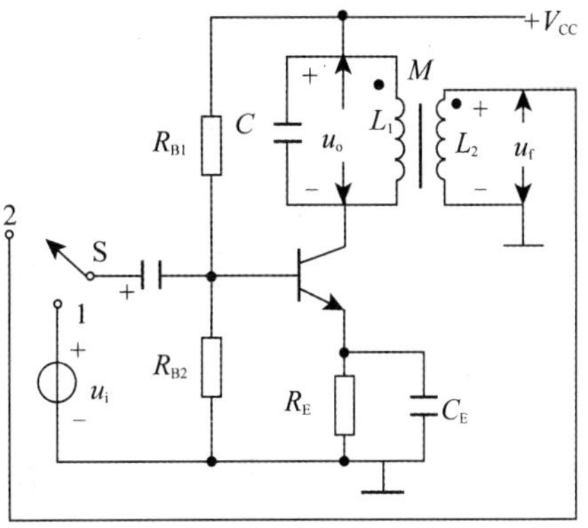

图 4-8 自激振荡建立的物理过程

2. 正弦波振荡器的分类

按频率来分,正弦波振荡器主要有高频信号振荡器、中频信号振荡器、低频信号振荡器;按结构来分,正弦波振荡器主要有 LC 型、RC 型及石英晶体型三大类。LC 振荡器的振荡频率多在 1 MHz 以上,RC 振荡器的振荡频率较低,一般在 1 MHz 以下,石英晶体振荡器的特点是振荡频率非常稳定。

4.2.2 自激振荡条件

由于振荡器无须外加信号,而是用反馈信号作为输入信号(见图 4-9),要形成等幅振荡,必须保证每次回送的反馈信号与原输入信号完全相同,即 $X_d = X_f$,因此振荡电路要产生自激振荡,必须同时满足以下两个条件。

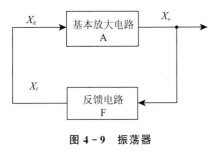

图 4-9 振荡器

(1) 相位平衡条件:$\varphi_A + \varphi_F = 2n\pi$($n$ 为整数)。

该条件即放大器的相移与反馈网络的相移之和为 $2n\pi$,说明反馈信号与原输入信号相位相同,所引入的反馈为正反馈。

(2) 振幅平衡条件:$|AF| = 1$。

该条件即反馈电压的幅度与输入电压的幅度相同。假设输入电压 u_i 通过放大器后放大 A 倍,则输出电压 $u_o = Au_i$,反馈电压 $u_f = Fu_o = AFu_i$,为保证 $u_f = u_i$,则须满足 $|AF| = 1$。

4.2.3 自激振荡的过程

当合上正弦波振荡器电源瞬间,在其输入端接收了含有各种频率分量的电冲击。当其中某一频率 f_0 分量在集电极 LC 振荡电路中激起振荡时,在回路两端产生正弦波电压 U_o,并通过互感耦合变压器反馈到基极回路,这就是激励信号。f_0 分量的信号经放大、正反馈,再放大、正反馈……不断地增幅,这就是振荡器的 $|\dot{A}\dot{F}|$ 自激起振过程。起始振荡信号十分微弱,如果振荡器的 $|\dot{A}\dot{F}|$ 始终为 1,输出信号就不可能逐步增大,因此振荡器必须在起振过程中满足 $|\dot{A}\dot{F}|$ 的条件。

由于晶体管的非线性特性,振幅会自动稳定到一定的幅度。因此,振荡的幅度不会无限增大。

4.3 LC 振荡器

LC 振荡器分为变压器反馈式 LC 振荡器、电容三点式 LC 振荡器、电感三点式 LC 振荡器，用来产生几兆赫兹以上高、中频信号。它由放大器、LC 选频网络和反馈网络三部分组成。

4.3.1 变压器反馈式 LC 振荡器

此类振荡器的共同点是通过变压器耦合将反馈信号送到放大器的输入端，常见的有以下两种。

1. 共射变压器耦合式 LC 振荡器

电路如图 4-10 所示。由 R_{B1}、R_{B2}、R_E 组成的偏置电路使三极管工作在放大状态。L_1 是正反馈线圈，L_2 接负载电阻，C_1 是耦合电容，C_E 是射极旁路电容。由图可以看出，晶体管与电路中其他元件组成共射极放大电路，LC 并联网络作为选频电路接在晶体管集电极回路中，反馈信号是通过变压器线圈 L_1 送到输入端。

利用瞬时极性法判断电路各点极性：假设三极管输入信号瞬时极性为"+"，由于 LC 回路谐振时为纯阻性，因此，三极管集电极瞬时极性为"-"，反馈线圈 L_1 的同名端瞬时极性为"+"，反馈到输入端，与输入信号极性相同，满足相位平衡条件。只要三极管的电流放大系数 β 合适，L_1 与 L 的匝数比合适，即可满足振幅平衡条件。该电路振荡频率为

$$f_0 = \frac{1}{2\pi\sqrt{LC}}$$

共射变压器耦合式 LC 振荡器功率增益高，容易起振，但由于共射电流放大系数随工作频率的增高而急剧降低，所以当改变频率时振荡幅度将随之变化，因此共射振荡器常用于固定频率的振荡器。

2. 共基变压器耦合式 LC 振荡器

电路如图 4-11 所示。

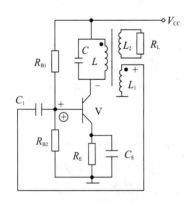

图 4-10 共射变压器耦合式 LC 振荡器

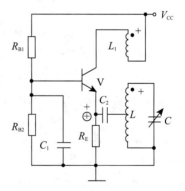

图 4-11 共基变压器耦合式 LC 振荡器

仍用瞬时极性法判断电路能否起振，但应注意，对于共基电路，信号是由发射极输入。假设发射极输入信号瞬时极性为"+"，则三极管集电极瞬时极性为"+"，反馈线圈 L_1 的同名端瞬时极性为"+"，引入正反馈，满足相位平衡条件。正反馈量的大小可通过调节 L_1 的匝数或

L 与 L_1 两个线圈之间的距离来改变。

共基变压器耦合式 LC 振荡器输出波形较好,振荡频率调节方便,一般采用固定电感与可变电容配合调节。

4.3.2 三点式 LC 振荡器

在变压器耦合式 LC 振荡器中,由于反馈电压与输出电压靠磁路耦合,因而耦合不紧密,损耗较大。为了克服这一缺点,加强谐振效果,可采用三点式 LC 振荡器。

LC 振荡器即用 LC 并联谐振回路作为选频和移相网络的振荡器。所谓三点式,指在交流通路中,LC 回路有三个抽头,分别与晶体管三个电极相连,如图 4-12 所示。

三点式 LC 振荡器分电感三点式和电容三点式两种。它们的共同点是:与发射极相连的为两个相同性质电抗,与基极相连的为两个相反性质电抗。这一接法俗称"射同基反",凡是按这一法则连接的三点式振荡器,必定满足相位平衡条件,否则不可能起振。

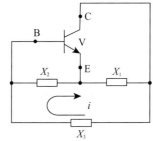

图 4-12 三点式 LC 振荡器示意图

1. 电感三点式振荡器

如图 4-13(a),(b)所示是电感三点式振荡器的原理电路和交流通路。由图可见,接法符合"射同基反"法则。

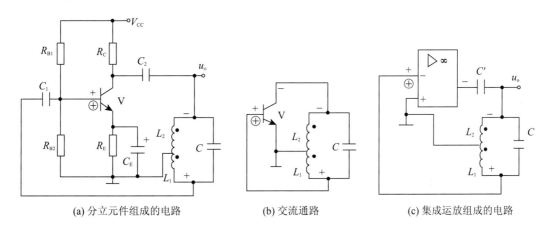

(a) 分立元件组成的电路 (b) 交流通路 (c) 集成运放组成的电路

图 4-13 电感三点式振荡器

LC 谐振回路接在三极管的基极与集电极之间,谐振时 LC 回路呈纯阻性。设基极瞬时极性为"+",则集电极瞬时极性为"-",反馈信号瞬时极性为"+",形成正反馈,满足相位平衡条件。改变线圈抽头位置,可调节正反馈量的大小,从而可调节输出幅度。该电路振荡频率为

$$f_0 = \frac{1}{2\pi\sqrt{(L_1+L_2+2M)C}}$$

式中,M 为 L_1 与 L_2 之间的互感。由于 L_1 与 L_2 之间耦合很紧,故电路容易起振,输出幅度较大。谐振电容通常采用可变电容,以便于调节振荡频率,工作频率可达几十兆赫兹。但因反馈电压取自电感,输出信号中含有高次谐波较多,波形较差,常用于对波形要求不高的振荡器中。

2. 电容三点式振荡器

图 4-14 所示是电容三点式振荡器原理电路。其电路工作原理分析与电感三点式振荡器相似，振荡频率为

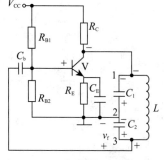

图 4-14 电容三点式振荡器

$$f_0 = \frac{1}{2\pi\sqrt{L\dfrac{C_1 C_2}{C_1 + C_2}}}$$

由于 C_1 和 C_2 的电容量可以取得较小，所以振荡频率可以提高。一般可达 100 MHz 以上。又由于反馈信号取自电容，所以反馈信号中所含高次谐波少，输出波形较好。其缺点是调节频率不便，因为电容量的大小既与振荡频率有关，又与反馈量有关，即与起振条件有关，调节电容有可能造成停振。此外，当振荡频率较高时，三极管的极间电容将成为 C_1，C_2 的一部分。由于三极管的极间电容会随着温度等因素变化，故影响了振荡频率的稳定性。

3. 改进型电容三点式振荡器

为了减小三极管极间电容的影响，提高电容三点式振荡器的频率稳定性，常采用图 4-15 所示的改进电路。

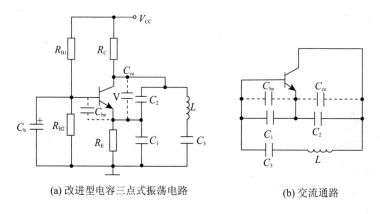

(a) 改进型电容三点式振荡电路   (b) 交流通路

图 4-15 改进型电容三点式振荡器

该电路的振荡频率为

$$f_0 = \frac{1}{2\pi\sqrt{L\dfrac{1}{\dfrac{1}{C_1}+\dfrac{1}{C_2}+\dfrac{1}{C_3}}}}$$

由于 C_3 远远小于 C_1 和 C_2，因此上式可写成

$$f_0 \approx \frac{1}{2\pi\sqrt{LC_3}}$$

这时，振荡频率仅由电容 C_3 决定，与三极管的极间电容无关，但是调节 C_3 时，输出信号幅度会随频率的增大而降低。

4.3.3 集成 LC 振荡器

E1648 集成振荡器为采用差分对管的 LC 振荡电路，图 4-16 所示为其外接电路图。

E1648 输出正弦电压时的典型参数为:最高振荡频率 225 MHz,电源电压 5 V,功耗 150 mW,振荡回路输出峰值电压 500 mV。

E1648 单片集成振荡器的振荡频率是由 10 脚和 12 脚之间的外接振荡电路的 L,C 值决定,并与两脚之间的输入电容 C_i 有关,其表达式为

$$f=\frac{1}{2\pi\sqrt{L(C+C_i)}}$$

改变外接回路元件参数,可改变工作频率。在 5 脚外加正电压,可获得方波输出。

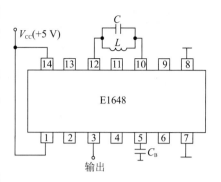

图 4-16 集成 LC 振荡器 E1648 引脚图

4.3.4 振荡器的频率稳定度

振荡器的频率稳定度是振荡器在一定的时间间隔和温度下,振荡器的实际工作频率偏离标称频率的程度,即

$$S_1=\frac{\Delta f}{f_0}=\frac{|f-f_0|}{f_0}$$

式中,S_1 为频率稳定度;f_0 为振荡器标称频率;f 为经一定时间间隔后振荡器的实际振荡频率。频率稳定度可分为:长期稳定度(1 天以上乃至 1 年)、短期稳定度(1 天)、瞬时稳定度(秒级)。一般说的频率稳定度是指短期稳定度。通常采用一天内振荡器振荡频率的相对变化量来比较振荡频率稳定度。

为了提高 LC 振荡器的稳定度,除了在电路结构上采取措施(如选用改进型电容三点式振荡器)外,还可以采取以下几项措施:

① 提高振荡回路的标准性。采用受温度影响小的 L,C 元件或选具有负温度系数的陶瓷电容器以补偿电感的正温度系数变化。

② 减少晶体管的影响。从稳频的角度出发,应选择 f_T 较高的晶体管,这样晶体管内部相移较小。通常选择 f_T 在 $(3\sim10)f_{1,\max}$ 范围内。同时希望电流放大系数 β 大些,这既容易振荡,也便于减小晶体管和回路之间的耦合。

③ 减小电源和负载的影响。电源电压的波动,会使晶体管的工作点、电流发生变化,从而改变晶体管的参数,降低频率稳定度。为了减小其影响,振荡器电源应采取必要的稳压措施。负载电阻并联在回路的两端,会降低回路的品质因数,从而使振荡器的频率稳定度下降。在振荡器与不稳定负载之间插入射随器,以减小负载变化对振荡器的影响。

④ 缩短引线或采用贴片元器件以减小分布电容和分布电感的影响。

⑤ 对谐振元件加以密封屏蔽,以减小周围磁场的影响。

4.4 石英晶体振荡器

在振荡器中,尽管采取了多种稳频措施,其频率稳定度也只能达到 $10^{-3}\sim10^{-5}$ 数量级,如果要求更高的频率稳定度,就必须采用石英晶体振荡器。石英晶体振荡器的频率稳定度可达 $10^{-6}\sim10^{-11}$ 数量级,它的这种优异性能与石英晶体本身的特性有关。

4.4.1 石英晶体的特性

石英晶体是二氧化硅结晶体,具有各向异性的物理特性。从石英晶体上按一定方位切割下来的薄片称为石英晶片,不同切向的晶片其特性是不同的。

按一定方位角将石英晶体切割成固定形状的薄晶片,再将晶片的两个相对表面抛光、镀银,并引出两个电极加以封装,就构成石英晶体谐振器,简称石英晶体。其结构、符号与外形如图 4-17 所示。

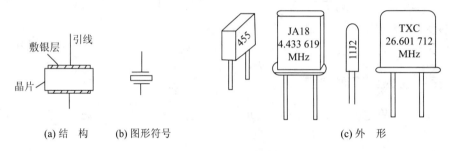

(a) 结　构　　(b) 图形符号　　　　　　　　(c) 外　形

图 4-17　石英晶体谐振器

1. 压电效应和压电谐振

石英晶片之所以能做成谐振器是基于它的压电效应。若在晶片两面施加机械力,沿受力方向将产生电场,晶片两面产生异电荷,这种效应称正向压电效应;若在晶片处加一电场,晶片将产生机械变形,这种效应称为反向压电效应。事实上,正、反向压电效应同时存在,电场产生机械形变,机械形变产生电场,两者相互限制,最后达到平衡态。

在石英谐振器两极板上加交变电压,晶片将随交变电压周期性地机械振动。当交变电压频率与晶片固有谐振频率相等时,振幅骤然增大,这种现象称为压电谐振。产生压电谐振时的频率称为石英晶体的谐振频率。

2. 等效电路和振荡频率

石英晶体的等效电路如图 4-18(a)所示。当晶体不振动时,可等效为一个平板电容 C_0,称静态电容,其值为几 pF 到几十 pF。当晶体振动时,可用 L 和 C 分别等效晶体振动时的惯性和弹性,用 R 等效晶体振动时的摩擦损耗。一般 L 为 $1\times10^{-3} \sim 1\times10^{-2}$ H,C 为 $1\times10^{-2} \sim 1\times10^{-1}$ pF,R 约为 100 Ω。由于 L 很大,C 和 R 很小,根据

$$Q = \frac{1}{R}\sqrt{\frac{L}{C}}$$

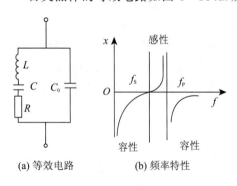

(a) 等效电路　　(b) 频率特性

图 4-18　石英晶体的等效电路和频率特性

可知,回路的品质因数 Q 值极高,可达 $1\times10^4 \sim 1\times10^6$,这对振荡频率的稳定很有好处。而晶体的固有频率只与晶片的几何尺寸和电极面积有关,所以可以做得很精确、很稳定。

分析石英晶体的等效电路可知,它有两个谐振频率。

① 当 LCR 支路发生串联谐振时,等效为纯电阻 R,阻抗最小,串联谐振频率为

$$f_0 = \frac{1}{2\pi\sqrt{LC}}$$

② 当外加信号频率高于 f_s 时，LCR 支路呈电感性，与 C_0 支路发生并联谐振，并联谐振频率为

$$f_0 = \frac{1}{2\pi\sqrt{L\dfrac{CC_0}{C+C_0}}} \approx f_s\sqrt{1+\dfrac{C}{C_0}}$$

由于 $C \ll C_0$，因此，f_s 和 f_p 非常接近。石英晶体的频率特性如图 4-18(b)所示。石英晶体在频率为 f_s 时呈纯阻性，在 f_s 和 f_p 之间呈感性，在此区域之外均呈容性。

4.4.2 石英晶体振荡器

晶体振荡器的电路类型很多，但根据晶体在电路中的作用，可以将晶体振荡器归为两大类：并联型晶体振荡器和串联型晶体振荡器。

1. 并联型石英晶体振荡器

石英晶体工作在 f_s 与 f_p 之间，相当一个大电感，与 C_1，C_2 组成电容三点式振荡器。

如果用石英晶体取代电容三点式振荡器中的电感，就得到并联型石英晶体振荡器，如图 4-19 所示。由于石英晶体的 Q 值很高，可达到几千以上，所示电路可以获得很高的振荡频率稳定性。

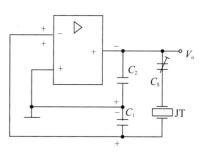

图 4-19 并联型石英晶体振荡器

2. 串联型石英晶体振荡器

在串联型晶体振荡器中，晶体通常接在反馈电路中，在谐振频率上晶体呈低阻抗。图 4-20 示出了串联型晶体振荡器的实际线路和等效电路。

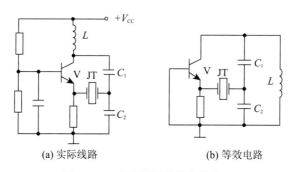

图 4-20 串联型石英晶体振荡器

3. 石英晶体振荡器使用注意事项

使用石英晶体谐振器时应注意以下几点：

① 石英晶体谐振器的标称频率都是在出厂前，在石英晶体谐振器上并接一定负载电容条件下测定的，实际使用时也必须外加负载电容，并经微调后才能获得标称频率。

② 石英晶体谐振器的激励电平应在规定范围内。

③ 在并联型晶体振荡器中，石英晶体起等效电感的作用。若作为容抗，则在石英晶片失效时，石英谐振器的支架电容还存在，线路仍可能满足振荡条件而振荡，但石英晶体谐振器失

去了稳频作用。

④ 晶体振荡器中一块晶体只能稳定一个频率,当要求在波段中得到可选择的许多频率时,就要采取别的电路措施。如频率合成器,它是用一块晶体得到许多稳定频率。频率合成器的有关内容本书不作介绍。

4.5 RC 振荡器

当需要低频信号时,如果仍采用 LC 振荡器,L 和 C 的取值就相当大,这会带来很多不便。因此,在需要几十 kHz 以下低频信号时,常用 RC 振荡器。RC 振荡器的工作原理和 LC 振荡器一样,区别仅在于用 RC 选频网络代替了 LC 选频网络。常用的 RC 振荡电路有 RC 串并联振荡电路(又称文氏桥式)、移相式和双 T 式三种振荡电路形式。本节重点讨论文氏桥式振荡电路。

4.5.1 RC 文氏桥式振荡电路

1. 电路组成

图 4-21 是 RC 文氏桥振荡电路的原理图。其中集成运放是放大电路,R_F 和 R_3 构成负反馈支路,R_1,C_1 和 R_2,C_2 组成 RC 串并联网络,它构成正反馈支路。上述两个反馈支路正好形成四臂电桥,故称之为文氏桥(Wien bridge)式振荡电路。

由于 R_F 和 R_3 组成的负反馈支路没有选频作用,故只有依靠 R_1,C_1 和 R_2,C_2 组成的串并联网络来实现正反馈和选频作用,才能使电路产生振荡。下面来分析 RC 串并联网络的频率特性。

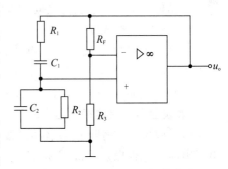

图 4-21 RC 文氏桥振荡电路

2. RC 串并联网络的频率特性

图 4-22(a)是由 R_1,C_1 和 R_2,C_2 组成的串并联网络的电路图。其中 $\dot{U}$ 为输入电压,$\dot{U}_f$ 为输出电压。先来定性分析该网络的频率特性。

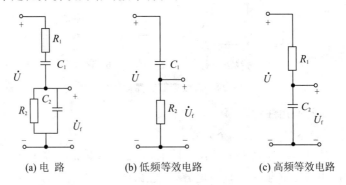

(a) 电 路   (b) 低频等效电路   (c) 高频等效电路

图 4-22 RC 串并联网络及等效电路

当输入信号的频率较低时,由于满足 $1/\omega C_1 \gg R_1$,$1/\omega C_2 \gg R_2$,串并联网络的低频等效电路如图 4-22(b)所示。不难看到,信号频率越低,$1/\omega C_1$ 值越大,输出信号 $\dot{U}_f$ 的幅值越小,

且 U_f 比 $\dot{U}$ 的相位超前。在频率接近零时，$|\dot{U}_f|$ 趋近于零，相移超前接近 $+\dfrac{\pi}{2}$。

当信号频率较高时，由于满足 $1/\omega C_1 \ll R_1$，$1/\omega C_2 \ll R_2$，串并联网络的高频等效电路如图 4-22(c)所示。而且信号频率越高，$1/\omega C_2$ 值越小，输出信号的幅值也越小，且比 $\dot{U}_f$ 比 $\dot{U}$ 的相位越滞后。在频率趋近于无穷大时，$|\dot{U}_f|$ 趋近于零，相移滞后接近 $-\dfrac{\pi}{2}$。

综上所述，当信号的频率降低或升高时，输出信号的幅度都要减小，而且信号频率由接近零向无穷大变化时，输出电压的相移由 $+\dfrac{\pi}{2}$ 向 $-\dfrac{\pi}{2}$ 变化。不难发现，在中间某一频率时，输出电压幅度最大，相移为零。

下面定量分析该网络的频率特性。

由图 4-22(a)所示电路，可以写出其传输系数的频率特性表示式，即

$$F=\dfrac{\dot{U}_f}{\dot{U}}=\dfrac{Z_2}{Z_1+Z_2}=\dfrac{\dfrac{R_2}{1+\mathrm{j}\omega R_2 C_2}}{R_1+\dfrac{1}{\mathrm{j}\omega C_1}+\dfrac{R_2}{1+\mathrm{j}\omega R_2 C_2}}=$$

$$\dfrac{1}{\left(1+\dfrac{R_1}{R_2}+\dfrac{C_2}{C_1}\right)+\mathrm{j}\left(\omega C_2 R_1-\dfrac{1}{\omega C_1 R_2}\right)}$$

假设电路中选取 $R_1=R_2=R$，$C_1=C_2=C$，且令 $\omega_0=\dfrac{1}{RC}$，则上式可以简化为

$$\dot{F}=\dfrac{1}{3+\mathrm{j}\left(\dfrac{\omega}{\omega_0}-\dfrac{\omega_0}{\omega}\right)}$$

其幅频特性为

$$|\dot{F}|=\dfrac{1}{\sqrt{3^2+\mathrm{j}\left(\dfrac{\omega}{\omega_0}-\dfrac{\omega_0}{\omega}\right)^2}}$$

相频特性为

$$\varphi_F=-\arctan\dfrac{\dfrac{\omega}{\omega_0}-\dfrac{\omega_0}{\omega}}{3}$$

由此可知，当 $\omega=\omega_0=\dfrac{1}{RC}$ 时，$\dot{F}$ 的幅值最大，即

$$|\dot{F}|_{\max}=\dfrac{1}{3}$$

而且相角为零，即

$$\varphi_F=0$$

由以上分析，可以画出串并联网络传输系数 $\dot{F}$ 的幅频特性和相频特性曲线，如图 4-23 所示。曲线的变化规律和定性分析的结论完全相同。可见该网络在某一频率 (ω_0) 传输系数最大 (1/3)，相移为 0，它具有选频特性。

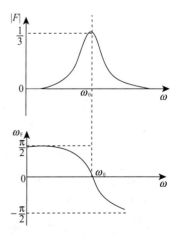

图 4-23 RC 串并联网络的幅频和相频特性

3. 电路的振荡频率和起振条件

（1）振荡频率

根据相位平衡条件，图 4-21 所示电路如果产生振荡，必须满足 $\varphi_A + \varphi_F = \pm 2n\pi$。该电路集成运放接成同相比例放大电路，故在相当宽的中频范围内，$\varphi_A = 0$。因此，只要串并联网络的正反馈支路满足 $\varphi_F = 0$，则电路即满足相位平衡条件，使电路产生振荡。

从前面的分析可知，当 $f = f_0(\omega = \omega_0)$ 时，图 4-21 电路的输出电压 φ_A，$\dot{U}_o$ 与反馈电压 $\dot{U}_f$ 同相（$\varphi_F = 0$），满足相位平衡条件。而在其他任何频率时，$\dot{U}_o$ 与 $\dot{U}_f$ 不同相（$\varphi_F \neq 0$），不满足相位平衡条件，不可能产生自激振荡。所以，该电路产生振荡的频率只能是

$$f_0 = \frac{1}{2\pi RC}$$

（2）起振条件

振荡电路产生正弦波振荡还必须满足起振条件 $|\dot{A}\dot{F}| > 1$。大家已经知道，$f = f_0$ 时，串并联网的反馈系数值最大，即 $|\dot{F}|_{max} = 1/3$。因此，根据起振条件，可以求出电路的电压放大倍数应满足

$$|\dot{A}| > 3$$

由于同相比例放大电路的电压放大倍数表达式为

$$A_F = 1 + \frac{R_F}{R_3}$$

而且电路中 $|\dot{A}| = A_F$，可以求出电路若满足起振条件，要求反馈电阻 R_F 值和 R_3 的关系为

$$R_F > 2R_3$$

4. 负反馈支路的作用

在文氏桥振荡电路中，只要满足 $|\dot{A}| > 3$，就可以产生振荡。但是，由于集成运放一般放大倍数很大，而且易受环境温度的影响，使得振荡幅度过大，且波形不稳定。尤其是受器件非线性特性的影响，波形会产生严重失真。因此，一般在电路中引入负反馈，以便减小非线性失真，改善输出波形。

图 4-21 电路中，R_F 和 R_3 构成电压串联负反馈支路。调整 R_F 值可以改变电路的放大倍数，使放大电路工作在线性区，减小波形失真。有时为了克服温度和电源电压等参数变化对振荡幅度的影响，选用具有负温度系数的热敏电阻作 R_F。当输出幅度 $|\dot{U}_o|$ 增大时，R_F 上的功耗加大，温度升高。因 R_F 是负温度系数电阻，故阻值减小，于是放大倍数下降，使 $|\dot{U}_o|$ 减小，从而使输出幅度保持稳定。相反，当 $|\dot{U}_o|$ 减小时，R_F 的负反馈支路会使放大倍数增大，使 $|\dot{U}_o|$ 保持稳定，从而实现了稳幅作用。

例 4-1 在图 4-21 所示文氏桥正弦波振荡电路中，若 $R_1 = R_2 = R$，$C_1 = C_2 = C = 0.22\ \mu F$，$R_3 = 10\ k\Omega$，又知电路的振荡频率为 5 kHz，试估算电阻 R 和 R_F 的阻值。

解：

$$R = \frac{1}{2\pi f_0 C} = \frac{1}{2 \times 3.14 \times 5 \times 10^3 \times 0.22 \times 10^{-6}}\ \Omega = 145\ \Omega$$

由估算可知,串并联网络中电阻值 R 为 145 Ω,反馈电阻值 R_F 应大于 20 kΩ。

4.5.2　RC 移相式振荡器

图 4-24(a) 所示为采用超前移相电路构成的 RC 移相式振荡器。图中集成运放接成反相放大器,产生 180°相移,当移相电路也能产生 180°相移时,便可满足相位平衡条件。由于一级 RC 电路实际能够提供的最大相移小于 90°,因此,至少要有三级 RC 电路才能提供 180°相移。

分析计算可得,该振荡器的振幅平衡条件为

$$\frac{R_F}{R} > 29$$

振荡频率为

$$f_0 \approx \frac{1}{2\pi\sqrt{6}RC}$$

图 4-24(b) 所示为采用滞后移相电路构成的 RC 移相式振荡器,其工作原理与图 4-24(a) 电路相似。

RC 移相式振荡器结构简单,但选频特性不理想,输出波形失真大,频率稳定度低,且频率调节不便,只能用于频率固定且性能要求不高的设备中。

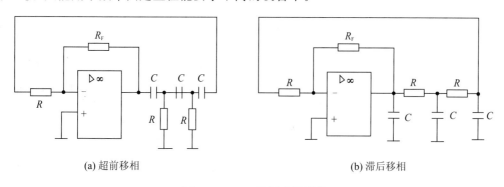

(a) 超前移相　　　　　　　　　　　(b) 滞后移相

图 4-24　RC 移相式振荡器

本章小结

1. 振荡器的种类很多,可分为正弦波和非正弦波两大类。各种振荡器都有各自的用途,常用于电子玩具、发声设备及石英电子钟等方面。

2. 具有选频放大性能的放大器称为选频放大器,又称调谐放大器。它利用 LC 并联回路的谐振特性,在频率众多的信号中选出某一频率的信号加以放大。选频放大器是正弦波振荡器的基础。

3. 正弦波振荡器主要由放大电路、选频网络和反馈网络三部分组成。根据选频网络所用元件不同,通常又可分为 LC 振荡器、RC 振荡器、石英晶体振荡器。

4. 电路产生自激振荡必须满足两个条件:振幅条件和相位条件。具体判别时,可分析电路的直流偏置是否能工作在放大状态;交流信号能否产生正反馈,即振荡电路必须是一个具有正反馈的正常的放大电路。

5. LC 振荡器主要用于产生高频信号。它有变压器反馈式、电感三点式和电容三点式三种类型。其相位平衡条件可用瞬时极性法判断，振幅平衡条件与三极管的 β 值和反馈系数 F 值有关。

电感三点式振荡器容易起振，频率调节方便，但波形失真较大。电容三点式振荡器波形失真小，但频率调节不方便。

6. 石英晶体振荡器是一种高稳定度振荡器，它有并联型和串联型两类。并联型石英晶体振荡器的振荡频率在 $f_s \sim f_p$ 之间，石英晶体等效为一个电感。串联型石英晶体振荡器的振荡频率为 f_s，石英晶体相当于一个小电阻。

7. RC 振荡电路的选频网络是由 RC 元件组成，其中文氏桥电路应用最广泛。文氏桥电路的选频网络是由 RC 串并联电路组成，当工作频率 $f = f_0 = \dfrac{1}{2\pi RC}$ 时，满足振荡电路的振荡条件。

习　　题

1. 填空题。

① 波形发生电路是_____(a. 需要，b. 不需要)外加(a. 输入，b. 输出)信号，能产生各种形状的(a. 随机的，b. 周期的)波形的电路。

② 产生 100 Hz 的正弦波一般选用_____振荡器；产生 50 MHz 的正弦波一般选用_____振荡器；产生 100 kHz 的稳定性高的正弦波一般选用_____振荡器(a. RC，b. LC，c. 石英晶体)。

③ 正弦波振荡电路产生振荡的幅度平衡条件为_____，相位平衡条件为_____。

④ LC 振荡器主要用于产生_____信号。它有_____、_____和_____三种类型。

⑤ 石英晶体振荡器的特点是_____，它有_____和_____两类。

⑥ 已知振荡器正反馈网络反馈系数 $F = 0.02$，为保证电路能起振并获得良好的输出波形，放大器的放大倍数是_____。

2. 判断题。

① 放大电路中的反馈网络如果是正反馈就能产生正弦波振荡。　　　　　　　(　　)

② 振荡电路选频网络决定着振荡器的振荡频率。　　　　　　　　　　　　　(　　)

③ 正弦波振荡电路与负反馈放大电路产生振荡的基本原理是相同的。　　　　(　　)

④ 振荡电路只要满足相位平衡条件，且满足 $|AF|=1$，则会有振荡产生。　　(　　)

⑤ RC 振荡电路振荡频率较高，一般在几千 Hz 以上。　　　　　　　　　　　(　　)

⑥ 采用两级 RC 移项式振荡电路也能满足相位平衡条件。　　　　　　　　　(　　)

⑦ 石英晶体振荡器主要优点是产生振荡幅度稳定。　　　　　　　　　　　　(　　)

⑧ 振荡器无须外部输入激励信号。　　　　　　　　　　　　　　　　　　　(　　)

3. 应用。
① 振荡器和放大器的主要区别是什么?
② 正弦波振荡器主要由哪几部分组成,选频网络的作用是什么?
③ 试标出题图 4-1 所示各电路中变压器的同名端,使其满足相位平衡条件。

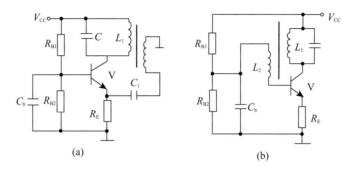

题图 4-1

④ 题图 4-2 所示为某超外差收音机中的本振电路。
1) 说明振荡器类型及各元件的作用。
2) 在图中标出变压器的同名端。
3) 设 $C_4=20$ pF,计算振荡频率的调节范围。

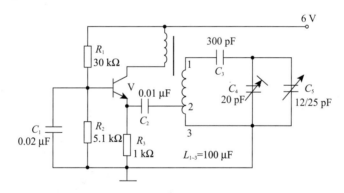

题图 4-2

⑤ 试将题图 4-3 所示电路连成桥式振荡器(图中 R_t 为负温度系数热敏电阻)。

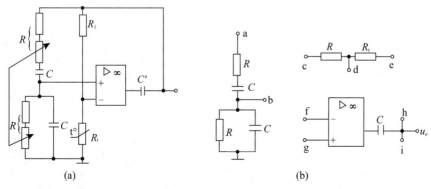

题图 4-3

⑥ 试判断题图 4-4 所示各振荡电路能否满足相位平衡条件。

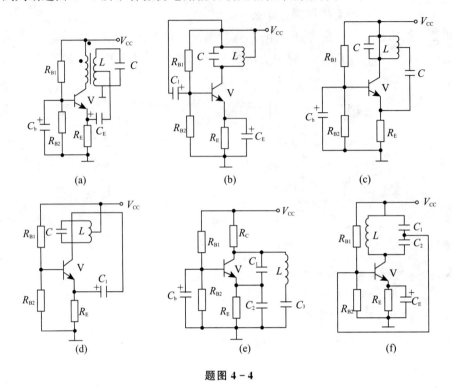

题图 4-4

第 5 章 功率放大器

前面讨论的各种放大电路的主要任务是放大电压信号,而功率放大电路的主要任务则是尽可能高效率地向负载提供足够大的功率。功率放大电路也常被称作功率放大器,简称功放。

5.1 功率放大电路的基本要求及分类

5.1.1 功率放大器的基本要求

1. 功率要大

为了获得大的功率输出,要求功放管的电压和电流都有足够大的输出幅度,因此管子往往工作在极限状态。可以通过提高电源电压和改善器件的散热条件来提供输出功率。

2. 效率要高

所谓效率就是负载得到的有用信号功率 P_O 和电源供给的直流功率 P_{DC} 的比值,即 $\eta = P_O/P_{DC}$。可以通过改变功放管的工作状态和选择最佳负载来提高效率。

3. 失真要小

功率放大电路是在大信号下工作,所以不可避免地会产生非线性失真,这就使输出功率和非线性失真成为一对主要矛盾。因此,功率放大电路不能用小信号的等效电路进行分析,只能用图解法对其输出功率、效率等性能指标作近似估算。

4. 功放管散热要好

在功率放大电路中,有相当大的功率消耗在管子的集电结上,使结温和管壳温度升高。为了充分利用允许的管耗而使管子输出足够大的功率,放大器件的散热就成为一个重要问题。

5.1.2 功率放大电路的分类

根据功率放大电路中三极管在输入正弦信号的一个周期内的导通情况,可将放大电路分为下列三种工作状态,如表 5-1 所列。

表 5-1 三种功率放大电路比较

分类	Q 点位置	波形图	特 点	效率/%
甲类	Q 点在交流负载线中点附近	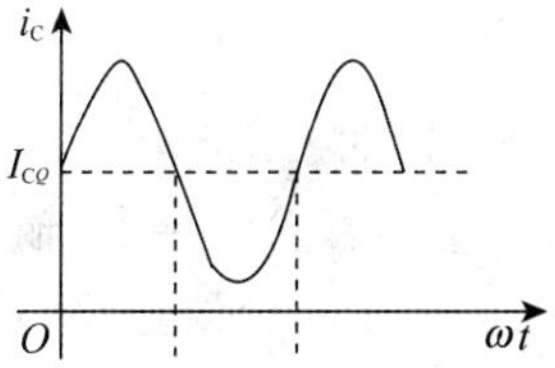	功放管在输入信号整个周期内都处于放大状态,输出信号无失真	≤50

续表 5-1

分类	Q 点位置	波形图	特点	效率/%
乙类	Q 点在截止区	(见图)	功放管仅在输入信号半个周期内导通。输出信号失真大	≤78
甲乙类	Q 点接近截止区	(见图)	功放管的导通时间略大于半个周期。输出信号失真较小	介于甲类和乙类之间

此外，功率放大电路还可按信号频率分为低频功放、高频功放，前者用于放大音频范围的信号，后者用于放大射频范围的信号。本章只讨论低频功放。

5.2 变压器耦合功率放大器

5.2.1 变压器耦合单管功率放大器

电路如图 5-1 所示。与前面所讨论过的阻容耦合放大器相比，区别只在于将原来的 R_C 换成了一只变压器，负载 R_L 为 8 Ω 的扬声器。

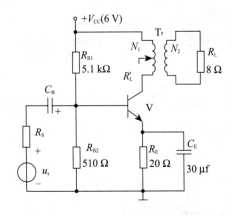

图 5-1 变压器耦合单管功率放大器

变压器可以耦合交流信号，同时还具有阻抗变换作用。扬声器的阻抗一般都较小，利用变压器的阻抗变换作用，可以使负载得到较大的功率。设变压器初次级的匝数比 $n = \dfrac{N_1}{N_2}$，则耦合到变压器原边的交流负载 R'_L 可按下式估算。

对于理想变压器有

$$R'_L = \left(\dfrac{N_1}{N_2}\right)^2 R_L = n^2 R_L$$

若变压器的效率为 η，则有

$$R'_L = \dfrac{n^2 R_L}{\eta}$$

这种电路工作于甲类工作状态，静态电流比较大，因此集电极损耗较大，效率不高，大约只有 35%，一般用在功率不太大的场合。

5.2.2 变压器耦合乙类推挽功率放大器

电路如图 5-2 所示。设功放管 V_1 和 V_2 特性完全相同。输入变压器 T_{r1} 将输入信号变换成两个大小相等、相位相反的信号，使 V_1、V_2 两管轮流导通，输出变压器 T_{r2} 完成电流波形的合成。在正弦信号激励下，i_{b1}、i_{b2}、i_{c1}、i_{c2} 均为半个正弦波，i_L 为完整正弦波。

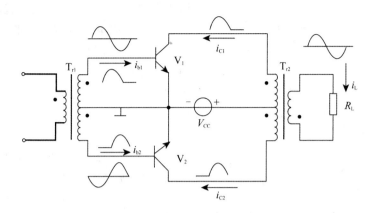

图 5-2 变压器耦合乙类推挽功率放大器

这种电路结构对称,两只功放管轮流导通工作、互相补偿,故称为互补对称电路(或互补推挽电路)。

变压器耦合乙类推挽功率放大器的缺点是:变压器体积大,笨重,损耗大,频率特性差,且不便于集成化。

5.3 互补对称功率放大器

变压器耦合单管功率放大器虽然简单,只需要一个功放管便可以工作,但效率不高,而且为了实现阻抗匹配,需要用变压器。而变压器体积、重量比较大,所以一般不采用单管功率放大器,而采用互补对称功率放大器。

5.3.1 单电源互补对称功率放大器

单电源互补功率放大电路如图 5-3(a)所示。当电路对称时,输出端的静态电位等于 $V_{CC}/2$。电容器 C_L 串联在负载与输出端之间,它不仅用于耦合交流信号,而且起着等效电源的作用。这种功率放大电路称为无输出变压器互补功率放大电路(Output Transformer Less),简称 OTL 电路。

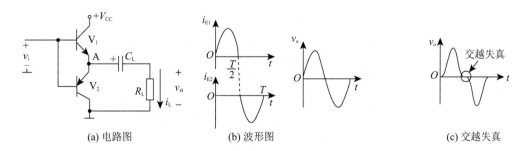

图 5-3 单电源互补功率放大电路

当输入信号处于正半周时,NPN 型三极管 V_1 导通,有电流通过负载 R_L,方向如图 5-3(a)所示。当输入信号处于负半周时,PNP 型三极管 V_2 导通,这时由电容 C_L 供电,i_L 方向与图中

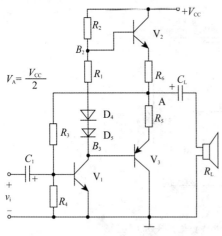

箭头方向相反。两个三极管轮流导通,在负载上将正负半周电流合成在一起,就可以得到一个完整的波形,如图5-3(b)所示。严格讲,当输入信号很小,达不到三极管的开启电压时,三极管不导通。因此在正、负半周交替过零处会出现一些非线性失真,这个失真称为交越失真,如图5-3(c)所示。

为消除交越失真,可给功放三极管稍稍加一点偏置,使之工作在甲乙类。此时的互补功率放大电路如图5-4所示。在功放管V_2,V_3基极之间加两个正向串联二极管D_4,D_5,便可以得到适当的正向偏压,从而使V_2,V_3在静态时能处于微导通状态。

图5-4 消除交越失真的单电源互补功率放大电路

5.3.2 双电源互补对称功率放大器

双电源互补对称功率放大电路又称无输出电容(Output Capacitorless)的功放电路,简称OCL电路,其原理电路如图5-5(a)所示。由$+V_{CC}$和$-V_{EE}$双电源供电。V_1为NPN管,V_2为PNP管,要求V_1和V_2管的特性对称。两管的基极连在一起,作为信号的输入端;发射极也连在一起,作为信号的输出端,直接与负载R_L相连。两管都接成射极输出器的形式,具有$u_o = u_i$,输入电阻高,输出电阻低的特点。

1. 静态分析

静态($u_i = 0$)时,两管静态电流为零,由于两管特性对称,所以输出端的静态电压也为零。

2. 动态工作情况

当输入信号u_i为正半周时,V_1发射结正偏而导通,V_2发射结反偏而截止,各极电流如图5-5(a)中实线所示。当输入信号u_i为负半周时,V_1发射结反偏截止,V_2发射结正偏而导通,各极电流如图5-5(a)中虚线所示。V_1,V_2两管分别在正、负半周轮流工作,负载R_L获完整的正弦波信号电压,如图5-5(c)所示。

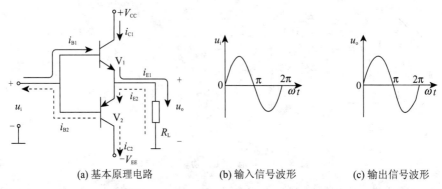

(a) 基本原理电路　　(b) 输入信号波形　　(c) 输出信号波形

图5-5 OCL基本原理电路

3. 消除交越失真的方法

该电路同样存在交越失真,为了消除交越失真,可提供适当的直流偏压使其工作在甲乙类状态,如图 5-6 所示。

4. 功放管的选择

① 功放管集电极的最大允许功耗 $P_{CM} \geqslant 0.2 P_{OM}$;

② 功放管的最大耐压 $U_{(BR)CEO} \geqslant 2V_{CC}$;

③ 功放管的最大集电极电流 $I_{CM} \geqslant \dfrac{V_{CC}}{R_L}$。

在实际选择时,其极限参数还应留有一定余量,一般提高 50%~100%。

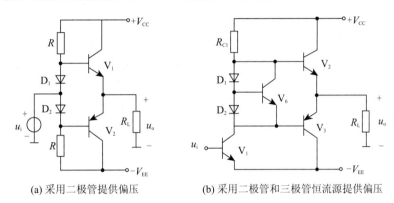

(a) 采用二极管提供偏压　　(b) 采用二极管和三极管恒流源提供偏压

图 5-6　甲乙类互补功率放大电路

5.3.3　功放管的散热和安全使用

在功放电路中,由于功放管集电极电流和电压的变化幅度大,输出功率大,同时功放管本身的耗散功率也大,因此,应采取保护措施以保证功放管的安全运行,主要是应注意二次击穿和散热两方面的问题。

1. 功放管的二次击穿

功放管的二次击穿是指当三极管集电结上的反偏电压过大时,三极管将被击穿。类似二极管的反向击穿,也分为"一次击穿"和"二次击穿"。一次击穿是可逆的,二次击穿将使功放管的性能变差或损坏,如图 5-7(a)所示。功放管考虑到二次击穿后的安全工作区如图 5-7(b)所示。

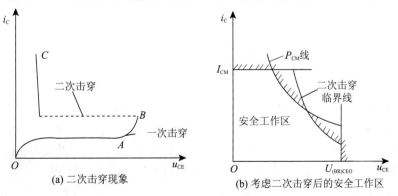

(a) 二次击穿现象　　(b) 考虑二次击穿后的安全工作区

图 5-7　二次击穿及安全工作区

防止晶体管二次击穿的措施主要有:使用功率容量大的晶体管,改善管子散热的情况,以确保其工作在安全区之内;使用时应避免电源剧烈波动、输入信号突然大幅度增加、负载开路或短路等,以免出现过压过流;在负载两端并联二极管(或二极管和电容),以防止负载的感性引起功放管过压或过流;在功放管的 c,e 端并联稳压管,以吸收瞬时过电压。

2. 功放管的散热

功放管损坏的重要原因是其实际功率超过额定功耗 P_{CM}。三极管的耗散功率取决于内部的 PN 结(主要是集电结)温度 t_j,当 t_j 超过手册中规定的最高允许结温 t_{jM} 时,集电极电流将急剧增大而使管子损坏,这种现象称为"热致击穿"或"热崩"。硅管的允许结温值为 120～180 ℃,锗管允许结温为 85 ℃左右。

散热条件越好,对于相同结温下所允许的管耗就越大,使功放电路有较大功率输出而不损坏管子。如大功率管 3AD50,手册中规定 $t_{jM}=90$ ℃,不加散热器时,极限功耗 $P_{CM}=1$ W,如果采用手册中规定尺寸为 120 mm×120 mm×4 mm 的散热板进行散热,极限功耗可提高到 $P_{CM}=10$ W。为了在相同散热面积下减小散热器所占空间,可采用如图 5-8 所示的几种常用散热器,分别为齿轮形、指状形和翼形;所加散热器面积大小的要求,可参考大功率管产品手册上规定的尺寸。除上述散热器成品外,还可用铝板自制平板散热器。

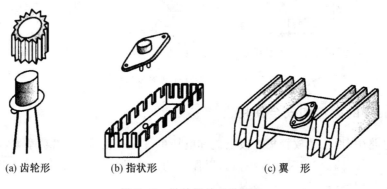

(a) 齿轮形　　　(b) 指状形　　　(c) 翼　形

图 5-8　散热器的几种形状

当功率放大电路在工作时,如果功放管的散热器(或无散热器时的管壳)上的温度较高,手感发烫,易引起功率管的损坏,这时应立即分析检查。如果属于原正常使用功放电路,功率管突然发热,应检查和排除电路中的故障;如果属于新设计功放电路,在调试时功率管有发烫现象,这时除了需要调整电路参数或排除故障外,还应检查设计是否合理,管子选型和散热条件是否存在问题。

5.4　集成功率放大器

集成功率放大器简称集成功放,它是在集成运放基础上发展起来的,其内部电路与集成运放相似。但是,由于其安全、高效、大功率和低失真的要求,使得它与集成运放又有很大的不同。集成功放电路内部多采用深度负反馈,使其工作稳定。集成功放广泛应用于收录机、电视机、开关功率电路、伺服放大电路中,输出功率由几百 mW 到几十 W。

除单片集成功放电路外,还有集成功率驱动器,它与外配的大功率管及少量阻容元件构成大功率放大电路,有的集成电路本身包含两个功率放大器,称为双通道功放。

5.4.1 集成功率放大器的主要性能指标

集成功率放大器的主要性能指标除最大输出功率外,还有电源电压范围、电源静态电流、电压增益、频带宽度、输入阻抗、总谐波失真等,如表 5-2 所列。

表 5-2 几种集成功放的主要技术参数表

型 号	LM386-4	LM2877	TDA1514A	TDA1566
电路类型	OTL	OTL(双通道)	OCL	BTL(双通道)
电源电压范围/V	5～18	6～24	±10～±30	6～18
静态电流/mA	4	25	56	80
输入阻抗/kΩ	50	—	1 000	120
输出功率/W	1($V_{cc}=16$ V, $R_L=32$ Ω)	4.5	48($V_{cc}=±23$ V, $R_L=4$ Ω)	22($V_{cc}=14.4$ V, $R_L=4$ Ω)
电压增益/dB	26～46	70(开环)	89(开环) 30(闭环)	26(闭环)
频带宽度/kHz	300(1,8 引脚开路)	—	0.02～25	0.02～15
谐波失真	0.2 %	0.07 %	−90 dB	0.1%

表 5-2 中所示电压增益均在信号频率为 1 kHz 条件下测试所得。表中所示均为典型数据,使用时应进一步查阅手册,以便获得更确切的数据。

5.4.2 用 LM386 组成的 OTL 电路

1. LM386 的外形、引脚排列及主要技术指标

LM386 是一种低电压通用型音频集成功率放大器,广泛应用于收音机、对讲机和信号发生器中;LM 386 的外形与引脚图如图 5-9 所示,它采用 8 脚双列直插式塑料封装。

LM386 有两个信号输入端,2 脚为反相输入端,3 脚为同相输入端;每个输入端的输入阻抗均为 50 kΩ,而且输入端对地的直流电位接近于零,即使输入端对地短路,输出端直流电平也不会产生大的偏离。LM386 的主要技术指标、参数如表 5-3 所列。

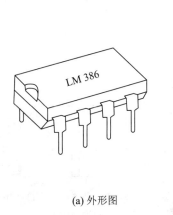

(a) 外形图　　　　(b) 引脚排列图

图 5-9 LM 386 外形与引脚排列

表 5-3 LM386 主要技术参数表

参数名称	符号及单位	参考值	测试条件
电源电压	V_{cc}/V	4~12	—
输入阻抗	R_i/kΩ	50	—
静态电流	I_{cc}/mA	4~8	$V_{cc}=6$ V,$v_i=0$
输出功率	P_o/mW	325	$V_{cc}=6$ V,$R_L=8$ Ω,THD=10 %
带宽	BW/kHz	300	$V_{cc}=6$ V,1 脚、8 脚断开
谐波失真	THD/(%)	0.2	$V_{cc}=6$ V,$R_L=8$ Ω,$P_o=125$ mW $f=1$ kHz,1 脚、8 脚断开
电压增益	A_{uf}/dB	20~46	1 脚、8 脚接不同电阻

2. LM386 应用电路

用 LM386 组成的 OTL 功放电路如图 5-10 所示,信号从 3 脚同相输入端输入,从 5 脚经耦合电容(220 μF)输出。

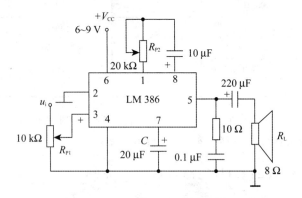

图 5-10 LM386 应用电路

图 5-10 中,7 脚所接 20 μF 的电容为去耦滤波电容。1 脚与 8 脚所接电容、电阻用于调节电路的闭环电压增益,电容取值为 10 μF,电阻 R_{P2} 在 0~20 kΩ 范围内取值;改变电阻值,可使集成功放的电压放大倍数在 20~200 之间变化,R_{P2} 值越小,电压增益越大。当需要高增益时,可取 $R_{P2}=0$,只将一只 10 μF 电容接在 1 脚与 8 脚之间即可。输出端 5 脚所接 10 Ω 电阻和 0.1 μF 电容组成阻抗校正网络,抵消负载中的感抗分量,防止电路自激,有时也可省去不用。该电路如用作收音机的功放电路,只需将输入端接收音机检波电路的输出端即可。

5.4.3 用 TDA2030 组成的 OCL 电路

1. TDA 2030 外形、引脚排列及主要技术指标

TDA2030 引脚排列如图 5-11 所示。它只有 5 只引脚,外接元件少,接线简单。它的电气性能稳定、可靠,适应长时间连续工作,且芯片内部具有过载保护和热切断保护电路。该芯片适用于收录机及高保真立体扩音装置中作音频功率放大器。

TDA2030 的主要技术指标、参数如表 5-4 所列。

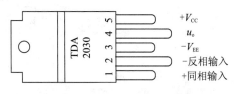

图 5-11 TDA2030 引脚排列

表 5-4 TDA2030A 主要技术参数表

参　数	符号及单位	数　值	测试条件
电源电压	V_{CC}/V	$\pm 6 \sim \pm 18$	—
静态电流	I_{CC}/mA	$I_{CCO} < 40$	—
输出峰值电流	I_{OM}/A	$I_{OM} = 3.5$	—
输出功率	P_O/W	$P_O = 14$	$V_{CC} = 14\ V, R_L = 4\ \Omega, THD < 0.5\ \%, f = 1\ kHz$
输入阻抗	R_i/kΩ	140	$A_u = 30\ dB, R_L = 4\ \Omega, P_O = 14W$
$-3\ dB$ 功率带宽	BW/Hz	10 Hz~140 kHz	$R_L = 4\ \Omega, P_O = 14\ W$
谐波失真	THD/(%)	<0.5	$R_L = 4\ \Omega, P_O = 0.1 \sim 14\ W$

2．TDA2030 检测方法

(1) 电阻法

正常情况下 TDA2030 各脚对③脚阻值如表 5-5 所列。

表 5-5 TDA2030 各脚对③脚阻值

引　脚	阻值/kΩ	
	黑表笔接③脚	红表笔接③脚
①	4	∞
②	4	∞
③	0	0
④	3	18
⑤	3	3

以上数据是采用 MF—500 型万用表用 $R \times 1$ k 挡测得,不同表所测阻值会有区别。

(2) 电压法

将 TDA2030 接成 OTL 电路,去掉负载,①脚用电容对地交流短路,然后将电源电压从 0~36 V 逐渐升高。用万用表测电源电压和④脚对地电压,若 TDA2030 性能完好,则④脚电压应始终为电源电压的一半;否则说明电路内部对称性差,用作功率放大器将产生失真。

3．TDA2030 实用电路

TDA2030 接成 OCL(双电源)典型应用电路,如图 5-12 所示。

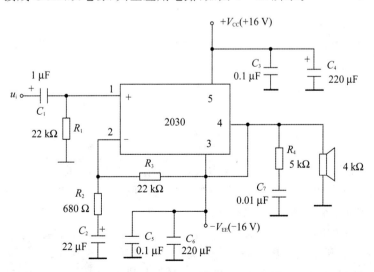

图 5-12 TDA2030 双电源典型应用电路

图 5-12 中 R_3,R_2,C_2 使 TDA2030 接成交流电压串联负反馈电路。闭环增益由下式估算,即

$$A_{uf}=1+\frac{R_3}{R_2}$$

C_5,C_6 为电源低频去耦电容,C_3,C_4 为电源高频去耦电容。R_4 与 C_7 组成阻容吸收网络,用以避免电感性负载产生过电压击穿芯片内功率管。为防止输出电压过大,可在输出端④脚与正、负电源接一反偏二极管组成输出电压限幅电路。

5.4.4 用 LH0101 组成的 BTL 电路

BTL(Bridge Transformer Less)功放电路又称作桥式平衡功放电路。实质上它是两个特性对称的 OTL 放大器(或 OCL 放大器)的组合。在相同的电源电压和负载的条件下,BTL 功放电路的输出功率将是 OTL 电路的 4 倍。用集成功率运放 LH0101 组成的 BTL 电路如图 5-13 所示。

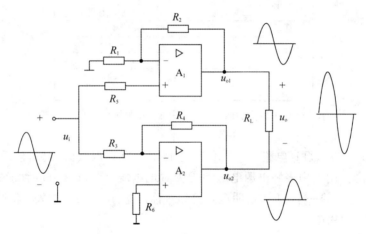

图 5-13 用 LH0101 组成的 BTL 电路

BTL 电路的电流利用率高,可在低电源电压下得到较大的输出功率。电路的输出中点始终保持零电位,因而电冲击比其他无变压器电路要小得多。此外,由于电路的对称性,使得同相输入干扰能基本上互相抵消,电路的交流声和失真度极小。但是工作时流过负载的电流是OTL 电路的 2 倍,所以对电源的要求较高,要求电源的内阻要很小。

本章小结

1. 功率放大器的主要任务是在允许的失真范围内,向负载提供足够大的交流功率,因此功放管常工作于极限应用状态。为了保证功放管安全、可靠和高效地工作,必须尽量减小功放管的管耗,并考虑功放管的散热问题。

2. 甲类单管功放电路简单,最大缺点是效率低;乙类功放采用双管推挽输出,效率高,缺点是产生交越失真。甲乙类功放克服了交越失真,并具有较高的效率。

3. 为了减少输出变压器和输出电容给功放带来的不便和失真,出现了单电源供电的 OTL 和双电源供电的 OCL 功放电路。

4. 集成功率放大器具有体积小、工作可靠、调试组装方便的优点。

5. 为保证功率放大电路的安全工作，必须合理选择器件，增强功率管的散热效果，防止二次击穿，并根据需要选择好保护电路。

习　　题

1. 选择题。

① 功率放大电路的最大输出功率是在输入电压为正弦波时，输出基本不失真的情况下，负载上可能获得的最大_____。

　　A. 交流功率　　　　　B. 直流功率　　　　　C. 平均功率　　　　　D. 瞬时功率

② 功率放大电路的转换效率是指_____。

　　A. 输出功率与晶体管所消耗的功率之比

　　B. 最大输出功率与电源提供的平均功率之比

　　C. 晶体管所消耗的功率与电源提供的平均功率之比

　　D. 电源提供的平均功率与晶体管所消耗的功率之比

③ 在 OCL 乙类功放电路中，若最大输出功率为 1 W，则电路中功放管的集电极最大功耗约为_____。

　　A. 1 W　　　　　　　B. 0.5 W　　　　　　C. 0.2 W　　　　　　D. 0.25 W

④ 在选择功放电路中的晶体管时，应当特别注意的参数有_____。

　　A. β　　　　　　　　B. I_{CM}　　　　　　C. I_{CBO}　　　　　　D. $U_{(BR)CEO}$

　　E. P_{CM}　　　　　　　F. f_T

⑤ 若题图 5-1 所示电路中晶体管饱和管压降的数值为 $|U_{CES}|$，则最大输出功率 $P_{OM}=$_____。

　　A. $\dfrac{(V_{CC}-U_{CES})^2}{2R_L}$　　　B. $\dfrac{\left(\dfrac{1}{2}V_{CC}-U_{CES}\right)^2}{R_L}$　　　C. $\dfrac{\left(\dfrac{1}{2}V_{CC}-U_{CES}\right)^2}{2R_L}$

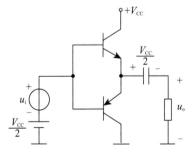

题图 5-1

⑥ 消除交越失真的方法是_____。

　　A. 使用互补对称电路　　　　　　　B. 使用差动放大电路

　　C. 提供适当的直流偏压　　　　　　D. 使阻抗匹配

⑦ OTL 指_____的功率放大器。

A. 无输出变压器　　　　　　B. 无输入变压器
C. 无输出电容器　　　　　　D. 无输入电容器

⑧ 下列对于功率放大器的叙述_____正确？

A. 甲类功放的效率最大可达到 75%

B. 乙类功放的 Q 点(静态工作点)定在截止区，它的效率最大可达到 50%

C. 甲类、乙类功放的 Q 点(静态工作点)比较接近截止区

D. 上述 3 类功放，效率最高的是乙类功放

2. 判断题。

① 在功率放大电路中，输出功率愈大，功放管的功耗愈大。（　　）

② 功率放大电路的最大输出功率是指在基本不失真的情况下，负载上可能获得的最大交流功率。（　　）

③ 当 OCL 电路的最大输出功率为 1W 时，功放管的集电极最大耗散功率应大于 1W。（　　）

④ 功率放大电路与电压放大电路、电流放大电路的共同点是

A. 都使输出电压大于输入电压；（　　）

B. 都使输出电流大于输入电流；（　　）

C. 都使输出功率大于信号源提供的输入功率。（　　）

⑤ 功率放大电路与电压放大电路的区别是

A. 前者比后者电源电压高；（　　）

B. 前者比后者电压放大倍数数值大；（　　）

C. 前者比后者效率高；（　　）

D. 在电源电压相同的情况下，前者比后者的最大不失真输出电压大；（　　）

⑥ 功率放大电路与电流放大电路的区别是

A. 前者比后者电流放大倍数大；（　　）

B. 前者比后者效率高；（　　）

C. 在电源电压相同的情况下，前者比后者的输出功率大。（　　）

第6章 直流稳压电源

电子设备中常采用干电池、蓄电池等供电。但这些电源成本高、容量有限,在有交流电网的地方一般采用直流稳压电源。直流稳压电源是一种当电网电压发生波动或负载改变时,能保持输出直流电压基本不变的电源装置。

常用的小功率直流稳压电源由电源变压器、整流电路、滤波电路、稳压电路四部分组成。图 6-1 是小功率直流稳压电源的结构框图。

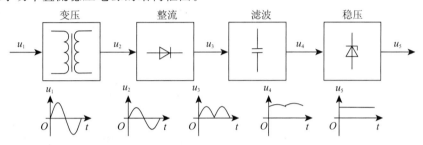

图 6-1 小功率直流稳压电源结构

6.1 整流滤波电路

利用二极管的单向导电性,将交流电变换成单向脉动直流电的电路,称为整流电路。整流电路可分为单相整流电路和三相整流电路;单相整流电路又分为半波整流、全波整流和桥式整流电路。在小功率电路中,一般采用单相桥式整流电路。

下面分析整流电路时,为简单起见,把二极管当作理想元件来处理,即认为它的正向导通电阻为零,反向电阻为无穷大。

6.1.1 单相半波整流电路

电路如图 6-2(a)所示,图中 Tr 为电源变压器,它的作用是将交流电网电压 u_1 变换成符合整流电路要求的交流电压 $u_2 = \sqrt{2}U_2 \sin \omega t$,V 为整流二极管,$R_L$ 是要求直流供电的负载电阻。

在变压器副边电压 u_2 的正半周,二极管 V 导通,输出电压 $u_o = u_2$;在 u_2 的负半周,二极管 V 截止,输出电压 $u_o = 0$。因此,u_o 是单向的脉动电压,波形如图 6-2(b)所示。

单相半波整流电压的平均值为

$$U_o = \frac{1}{2\pi}\int_0^\pi \sqrt{2}U_2 \sin \omega t \, d\omega t = \frac{\sqrt{2}}{\pi}U_2 = 0.45U_2$$

流过负载电阻 R_L 的电流平均值为

$$I_o = \frac{0.45U_2}{R_L}$$

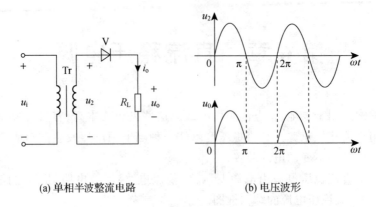

(a) 单相半波整流电路　　　　　　(b) 电压波形

图 6-2　单相半波整流电路图

流经二极管的平均电流为

$$I_D = I_o = \frac{0.45 U_2}{R_L}$$

二极管在截止时所承受的最大反向电压 U_{RM} 可从图 6-2(b)中看出，即

$$U_{RM} = \sqrt{2} U_2$$

单相半波整流电路的优点是结构简单，价格便宜，缺点是输出直流成分较低，脉动大。因此，单相半波整流电路只能用于输出电压较小，要求不高的场合。

6.1.2　单相桥式整流电路

电路如图 6-3(a)所示，四只整流二极管 $D_1 \sim D_4$ 接成电桥的形式，故有桥式整流电路之称。图 6-3(b)是它的简化画法。

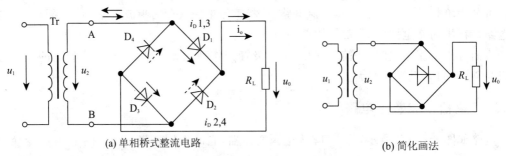

(a) 单相桥式整流电路　　　　　　(b) 简化画法

图 6-3　单相桥式整流电路图

在 u_2 的正半周(设 A 端为正、B 端为负时是正半周)，二极管 D_1、D_3 导通，D_2、D_4 截止，流过负载的电流 i_o 如图 6-3(a)中实线箭头所示；在 u_2 的负半周，二极管 D_2、D_4 导通，D_1、D_3 截止，流过负载的电流 i_o 如图 6-3(a)中虚线箭头所示。负载 R_L 上的电压 u_o(电流 i_o 的波形与 u_o 相同)波形如图 6-4 所示，它们都是单方向的全波脉动波形。

单相桥式整流电压的平均值为

$$U_o = \frac{1}{\pi} \int_0^\pi \sqrt{2} U_2 \sin \omega t \, d\omega t = \frac{2\sqrt{2}}{\pi} U_2 = 0.9 U_2$$

流过负载电阻 R_L 的电流平均值为

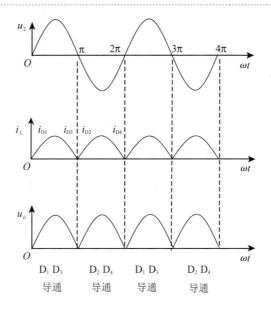

图 6-4 单相桥式整流波形图

$$I_o = \frac{0.9U_2}{R_L}$$

在桥式整流电路中,二极管 D_1,D_3 和 D_2,D_4 是两两轮流导通的,所以流经每个二极管的平均电流为

$$I_D = \frac{1}{2}I_L = \frac{0.45U_2}{R_L}$$

二极管在截止时管子承受的最大反向电压 U_{RM} 可从图 6-4 看出。在 u_2 正半周时,D_1,D_3 导通,D_2,D_4 截止。此时 D_2,D_4 所承受到的最大反向电压均为 u_2 的最大值,即

$$U_{RM} = \sqrt{2}U_2$$

同理,在 u_2 的负半周 D_1,D_3 也承受同样大小的反向电压。

桥式整流电路的优点是输出电压高,纹波电压较小,管子所承受的最大反向电压较低,同时因电源变压器在正负半周内都有电流供给负载,电源变压器得到充分的利用,效率较高。因此,这种电路在半导体整流电路中得到了广泛的应用。电路的缺点是用二极管较多。目前市场上已有许多品种的半桥和全桥整流电路出售,而且价格便宜,这对桥式整流电路缺点是一大弥补。

表 6-1 给出了常见的几种整流电路的电路图、整流电压的波形及计算公式。

表 6-1 常见的几种整流电路

类型	电路	整流电压的波形	整流电压平均值	每管电流平均值	每管承受最高反压
单相半波			$0.45U_2$	I_o	$\sqrt{2}U_2$

续表 6-1

类型	电路	整流电压的波形	整流电压平均值	每管电流平均值	每管承受最高反压
单相全波			$0.9U_2$	$\frac{1}{2}I_o$	$2\sqrt{2}U_2$
单相桥式			$0.9U_2$	$\frac{1}{2}I_o$	$\sqrt{2}U_2$
三相半波			$1.17U_2$	$\frac{1}{3}I_o$	$\sqrt{3}\sqrt{2}U_2$
三相桥式			$2.34U_2$	$\frac{1}{3}I_o$	$\sqrt{3}\sqrt{2}U_2$

6.1.3 滤波电路

整流电路虽然能把交流电转换为直流电,但是输出的都是脉动直流电,其中仍含有很大的交流成分,称为纹波。为了得到平滑的直流电,必须滤除整流电压中的纹波,这一过程称为滤波。常用的滤波电路有电容滤波、电感滤波、复式滤波及有源滤波。这里仅讨论电容滤波和电感滤波。

1. 电容滤波电路

(1) 滤波原理

图 6-5(a)所示为桥式整流电容滤波电路,是在整流电路的负载上并联一个电容 C 构成的。电容一般采用带有正、负极性的大容量电容器,如电解电容等。设 u_C 的初始值为 0,在接通电源的瞬间,当 u_2 由 0 开始上升,二极管 D_1、D_3 导通,电源向负载 R_L 供电的同时,也向电容 C 充电,u_C 随 u_2 的增大上升至最大值 $\sqrt{2}U_2$(图 6-5(b)中 $0a$ 段);当 u_2 达到最大值后,开始下降,当 $u_C>u_2$ 时,4 只二极管全部反向截止,电容 C 以时间常数 $\tau=R_LC$ 通过 R_L 放电,电容电压 u_C 下降,直至下一个半周$|u_2|=u_C$ 时(图 6-5(b)中 ab 段);当$|u_2|>u_C$ 时,二极管 D_2、D_4 导通,电容电压 u_C 又随$|u_2|$的增大上升至最大值 $\sqrt{2}U_2$(图 6-5(b)中 bc 段);然后$|u_2|$下降,当$|u_2|<u_C$ 时,二极管全部截止,电容 C 以时间常数 $\tau=R_L C$ 通过 R_L 放电,直至下一个半周 $u_2=u_C$ 时(图 6-5(b)中 cd 段)。如此周而复始,得到电容电压(即输出电压)u_o 的波形。由波形可见,桥式整流接电容滤波后,输出电压的脉动程度大为减小。

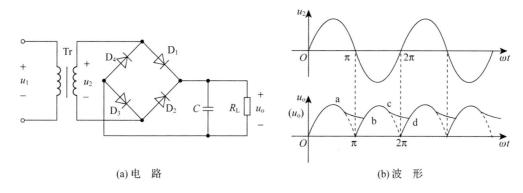

(a) 电 路　　　　　　　　　　(b) 波 形

图 6-5　桥式整流电容滤波电路及波形

(2) U_o 的大小与元件的选择

电容充电时间常数为 $\tau_1 = rC$（r 为二极管正向电阻），由于 r 值较小，所以充电速度快；放电时间常数为 $\tau_2 = R_L C$，由于 R_L 值较大，所以放电速度慢。$R_L C$ 愈大，滤波后输出电压愈平滑，并且其平均值愈大。

当负载 R_L 开路时，τ_2 无穷大，电容 C 无放电回路，U_o 达到最大，即 $U_o = \sqrt{2} U_2$；若 R_L 很小时，输出电压几乎与无滤波时相同。因此，电容滤波器输出电压在 $0.9 U_2 \sim \sqrt{2} U_2$ 范围内波动，在工程上一般采用经验公式估算其大小。

半波整流（有电容滤波）

$$U_o = U_2$$

全波整流（有电容滤波）

$$U_o = 1.2 U_2$$

为了获得比较平滑的输出电压，一般要求 $R_L C \geqslant (3 \sim 5) T/2$，式中 T 为交流电源的周期。

对于单相桥式整流电路而言，无论有无滤波电容，二极管的最高反向工作电压都是 $\sqrt{2} U_2$。

关于滤波电容值的选取应视负载电流的大小而定。一般在几十 μF 到几千 μF，电容器耐压考虑电网电压 10% 波动应大于 $1.1\sqrt{2} U_2$。

例 6-1　需要一单相桥式整流电容滤波电路，电路如图 6-6 所示。交流电源频率 $f = 50$ Hz，负载电阻 $R_L = 120\ \Omega$，要求直流电压 $U_o = 30$ V，试选择整流元件及滤波电容。

解：（1）选择整流二极管

① 流过二极管的平均电流为

$$I_D = \frac{1}{2} I_o = \frac{1}{2} \frac{U_o}{R_L} = \frac{1}{2} \times \frac{30}{120}\ \text{A} = 125\ \text{mA}$$

由 $U_o = 1.2 U_2$，所以交流电压有效值

$$U_2 = \frac{U_o}{1.2} = \frac{30}{1.2}\ \text{V} = 25\ \text{V}$$

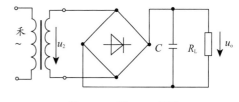

图 6-6　例 6-1 用图

② 二极管承受的最高反向工作电压

$$U_{RM} = \sqrt{2} U_2 = \sqrt{2} \times 25\ \text{V} = 35\ \text{V}$$

可以选用 2CZ11A（$I_{RM} = 1\,000$ mA，$U_{RM} = 100$ V）整流二极管 4 个。

(2) 选择滤波电容 C

取 $R_L C = 5 \times \dfrac{T}{2}$，而 $T = \dfrac{1}{f} = \dfrac{1}{50}$ Hz $= 0.02$ s，所以 $C = \dfrac{1}{R_L} \times 5 \times \dfrac{T}{2} = \dfrac{1}{120} \times 5 \times \dfrac{0.02}{2}$ F $= 417$ μF；耐压值 $U_C = 1.1\sqrt{2} U_2 = 1.1 \times \sqrt{2} \times 25$ V $= 38.85$ V，可以选用 $C = 500$ μF，耐压值为 50 V 的电解电容器。

电容滤波电路结构简单，输出电压较高，脉动较小，但电路的带负载能力不强，因此，电容滤波通常适合在小电流，且变动不大的电子设备中使用。

2. 电感滤波电路

电感滤波电路利用电感器两端的电流不能突变的特点，把电感器与负载串联起来，以达到使输出电流平滑的目的，如图 6-7 所示。从能量的观点看，当电源提供的电流增大（由电源电压增加引起）时，电感器 L 把能量存储起来；而当电流减小时，又把能量释放出来，使负载电流平滑，所以电感 L 有平波作用。电感滤波适用于负载电流较大的场合。它的缺点是制作复杂，体积大，笨重，且存在电磁干扰。

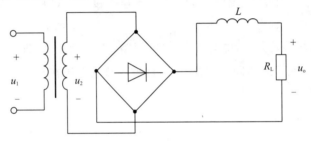

图 6-7 桥式整流电感滤波电路

3. 复合滤波电路

若单独使用电容或电感进行滤波时，效果仍不理想，可采用复合滤波电路，如图 6-8 所示。

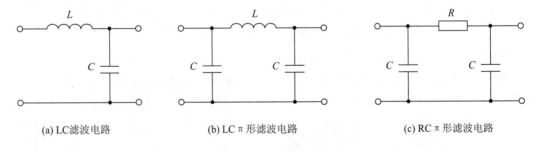

(a) LC 滤波电路　　　　　　(b) LC π 形滤波电路　　　　　　(c) RC π 形滤波电路

图 6-8 复合滤波电路

6.1.4 倍压整流电路

倍压整流电路由电源变压器、整流二极管、倍压电容和负载电阻组成。它可以输出高于变压器次级电压 2 倍、3 倍或 n 倍的电压，一般用于高电压、小电流的场合。

2 倍压整流电路如图 6-9(a) 所示。其工作原理是：在 u_2 的正半周，D_1 导通，D_2 截止，电容 C_1 被充电到接近 u_2 的峰值 U_{2m}，在 u_2 的负半周，D_1 截止，D_2 导通，这时变压器次级电压 u_2 与 C_1 所充电压极性一致，二者串联，且通过 D_2 向 C_2 充电，使 C_2 上充电电压可接近 $2U_{2m}$。当负载 R_L 并接在 C_2 两端时（R_L 一般较大），则 R_L 上的电压 U_L 也可接近 $2U_{2m}$。图 6-9(b) 为 n

倍压整流电路,整流原理相同。可见,只要增加整流二极管和电容的数目,便可得到所需要的n倍压(n个二极管和n个电容)电路。

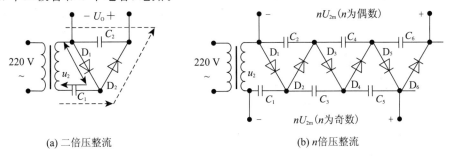

(a) 二倍压整流　　　　　　　　(b) n倍压整流

图 6-9　桥式整流电容滤波电路及波形

6.2　线性稳压电路

交流电经整流、滤波后,输出电压中仍有较小的纹波,为使输出的直流电压不随电网电压的波动和负载的变化而变化,必须在整流、滤波电路后增加稳压电路。稳压电路分为稳压管稳压电路和串联型稳压电路。

6.2.1　稳压电路的主要技术指标

稳压电源的技术指标分为两种:一种是特性指标,包括允许的输入电压、输出电压、输出电流及输出电压调节范围等;另一种是质量指标,用来衡量输出直流电压的稳定程度,包括稳压系数、输出电阻、温度系数及纹波电压等。应用中最主要考虑的有以下两点。

1. 稳压系数 S(越小越好)

稳压系数 S 反映电网电压波动时对稳压电路的影响。定义为当负载固定时,输出电压的相对变化量与输入电压的相对变化量之比,即

$$S=\frac{\Delta U_\text{o}}{U_\text{o}}\bigg/\frac{\Delta U_\text{i}}{U_\text{i}}$$

2. 输出电阻 R_O(越小越好)

输出电阻用来反映稳压电路受负载变化的影响。定义为当输入电压固定时输出电压变化量与输出电流变化量之比。它实际上就是电源戴维南等效电路的内阻,即

$$R_\text{o}=\frac{\Delta U_\text{o}}{\Delta I_\text{o}}$$

6.2.2　稳压管稳压电路

稳压管稳压电路是最简单的一种稳压电路,如图 6-10 所示,R 是限流电阻,因其稳压管 D_Z 与负载电阻 R_L 并联,又称为并联型稳压电路。这种电路主要用于对稳压要求不高的场合,有时也作为基准电压或辅助电源使用。

引起电压不稳定的原因是交流电源电压的波动和负载的变化。设负载 R_L 不变,U_i 因交流电源电压增加而增加,则负载电压 U_o 也要增加,稳压调节过程如图 6-11(a)所示。当 U_i 因交

流电源电压降低而降低时,稳压过程与上述过程相反。

如果保持电源电压不变,负载 R_L 减小,负载电流 I_o 增大时,电阻 R 上的压降也增大,负载电压 U_o 因此下降,稳压调节过程如图 6-11(b)所示。当负载电阻 R_L 增大时,稳压过程相反。

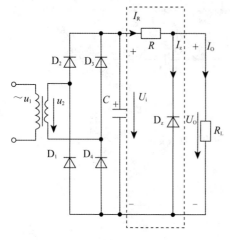

图 6-10 稳压管稳压电路

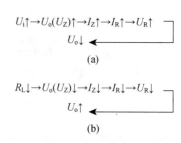

图 6-11 稳压调节过程

选择稳压管时,一般取

$$U_z = U_o$$
$$I_{z,max} = (1.5 \sim 3) I_{o,max}$$
$$U_i = (2 \sim 3) U_o$$

例 6-2 有一稳压管稳压电路,如图 6-10 所示。负载电阻 R_L 由开路变到 3 kΩ,交流电压经整流滤波后得出 $U_i = 45$ V。今要求输出直流电压 $U_o = 15$ V,试选择稳压管 D_z。

解:根据输出直流电压 $U_o = 15$ V 的要求,有

$$U_z = U_o = 15 \text{ V}$$

由输出电压 $U_o = 15$ V 及最小负载电阻 $R_L = 3$ kΩ 的要求,负载电流最大值

$$I_{o,max} = \frac{U_o}{R_L} = \frac{15}{3} \text{ mA} = 5 \text{ mA}$$
$$I_{z,max} = 3 I_{o,max} = 15 \text{ mA}$$

查半导体器件手册,选择稳压管 2CW20,其稳定电压 $U_z = 13.5 \sim 17$ V,稳定电流 $I_z = 5$ mA,$I_{z,max} = 15$ mA。

6.2.3 串联型稳压电路

串联型稳压电路的一般结构图如图 6-12 所示,由采样环节(R_1、R_2)、基准环节(基准电压源 U_{REF})、放大环节(A)、调整环节(V)四部分组成。因为主回路是由调整管 V 与负载 R_L 串联构成,故称为串联型稳压电路。稳压原理可简述如下:当输入电压 U_i 增加(或负载电流 I_o 减小)时,导致输出电压 U_o 增加,随之反馈电压 $U_F = U_o R_2/(R_1+R_2) = F_U U_o$ 也增加(F_U 为反馈系数)。U_F 与基准电压 U_{REF} 相比较,其差值电压经比较放大器 A 放大后使 U_B 和 I_C 减小,调整管 V 的 C-E 极间的电压 U_{CE} 增大,使 U_o 下降,从而维持 U_o 基本恒定。

同理,当输入电压 U_i 减小(或负载电流 I_o 增加)时,也能使输出电压 U_o 基本保持不变。

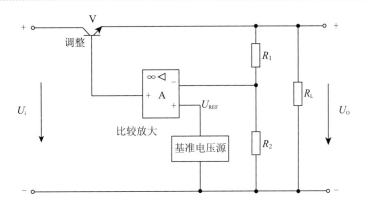

图 6-12　串联型稳压电路的一般结构图

从反馈放大器的角度来看,这种电路属于电压串联负反馈电路。调整管 V 连接成射极跟随器,因而可得

$$U_B = A_u(U_{REF} - F_U U_o) \approx U_o \quad 或 \quad U_o = U_{REF}\frac{A_u}{1+A_u F_U}$$

式中,A_u 是比较放大器的电压放大倍数,是考虑了所带负载的影响的,与开环放大倍数 A_{uo} 不同。在深度负反馈条件下,$|1+A_u F_U| \gg 1$ 时,可得

$$U_o = \frac{U_{REF}}{F_U}$$

上式表明,输出电压 U_o 与基准电压 U_{REF} 近似成正比,与反馈系数 F_U 成反比。当 U_{REF} 及 F_U 已定时,U_o 也就确定了。因此它是设计稳压电路的基本关系式。当反馈越深时,调整作用越强,输出电压 U_o 也越稳定,电路的稳压系数和输出电阻 R_o 也越小。

值得注意的是,调整管 V 的调整作用是依靠 F_U 和 U_{REF} 之间的偏差来实现的,必须有偏差才能调整。如果 U_o 绝对不变,调整管的 U_{CE} 也绝对不变,那么电路也就不能起调整作用了,所以 U_o 不可能达到绝对稳定,只能是基本稳定。因此,图 6-12 所示的系统是一个闭环有差调整系统。

由以上分析可知,当反馈越深时,调整作用越强,输出电压 U_o 也越稳定,电路的稳压系数和输出电阻 R_o 也越小。

分立元件组成的串联稳压电源电路如图 6-13 所示。工作原理是,变压器将 220 V 市电降成需要的电压,经过桥式整流和滤波,将交流电变成直流电并滤去纹波,最后经过简单的串联稳压电路,输出端得到稳定的直流电压。

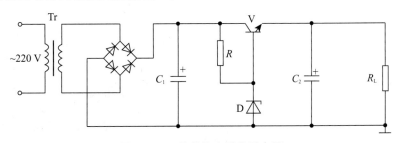

图 6-13　简单的串联稳压电源

6.2.4 三端集成稳压器

随着半导体工艺的发展而制成的稳压电路集成器件,具有体积小、精度高、可靠性好、使用灵活、价格低廉等优点,特别是三端集成稳压器,只有三个端子:输入端、输出端和公共端,基本上不需要外接元件,而且芯片内部有过流保护、过热保护及短路保护电路,使用方便、安全。三端集成稳压器分固定输出和可调输出两大类。

1. 三端固定输出集成稳压器

三端固定集成稳压电路的输出电压是固定的,常用的是 CW7800/CW7900 系列。W7800 系列输出正电压,其输出电压有 5 V,6 V,7 V,8 V,9 V,10 V,12 V,15 V,18 V,20 V 和 24 V 共 11 个挡次。该系列的输出电流分 5 挡,7800 系列是 1.5 A,78M00 是 0.5 A,78L00 是 0.1 A,78T00 是 3 A,78H00 是 5 A。W7900 系列与 W7800 系列所不同的是输出电压为负值。

三端固定输出集成稳压器的外形及典型应用电路如图 6-14 所示。输入端接整流滤波电路,输出端接负载;公共端接输入、输出端的公共连接点。为使它工作稳定,在输入、输出端与公共端之间分别并接一个电容。正常工作时,输入、输出电压差 2~3 V。电容 C_1 用来实现频率补偿,C_2 用来抑制稳压电路的自激振荡;C_1 一般为 0.33 μF,C_2 一般为 1 μF。使用三端稳压器时注意一定要加散热器,否则不能工作到额定电流。

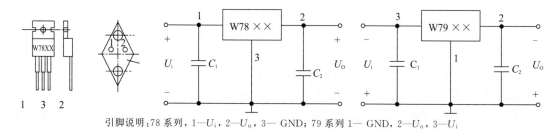

引脚说明:78 系列,1—U_i,2—U_o,3—GND;79 系列 1—GND,2—U_o,3—U_i

图 6-14 三端稳压器外形及典型应用电路

2. 三端可调输出集成稳压器

三端可调输出集成稳压器是在三端固定输出集成稳压器基础上发展起来的生产量大、应用面广的产品,它也有正电压输出 LM117,LM217 和 LM317 系列,负电压输出 LM137,LM237 和 LM337 系列两种类型。它既保留了三端稳压器的简单结构形式,又克服了固定式输出电压不可调的缺点,从内部电路设计上及集成化工艺方面采用了先进的技术,输出电压在 1.25~37 V 范围内连续可调。稳压精度高,价格便宜。

LM317 是三端可调稳压器的一种,它具有输出 1.5 A 电流的能力,典型应用的电路如图 6-15 所示。该电路的输出电压范围为 1.25~37 V。输出电压的近似表达式是

$$V_o = V_{REF}\left(1 + \frac{R_2}{R_1}\right)$$

式中,$V_{REF} = 1.25$ V。如果 $R_1 = 240\ \Omega$,$R_2 = 2.4$ kΩ,则输出电压近似为 13.75 V。调整 R_2,即可得到不同的输出电压。

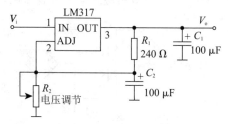

图 6-15 三端可调稳压器的典型电路

3. 其他集成稳压器

前述三端稳压器的缺点是输入/输出之间必须维持 2～3 V 的电压差才能正常工作,在电池供电的装置中不能使用,例如,7805 在输出 1.5 A 时自身的功耗达到 4.5 W,不仅浪费能源,还需要散热器散热。Micrel 公司生产的三端稳压电路 MIC29150,具有 3.3 V,5 V 和 12 V 三种电压,输出电流 1.5 A,具有和 7800 系列相同的封装,与 7805 可以互换使用。该器件的特点是:压差低,在 1.5 A 输出时的典型值为 350 mV,最大值为 600 mV;输出电压精度 ±2 %;最大输入电压可达 26 V,输出电压的温度系数为 20 mV/℃,工作温度 −40～125 ℃;有过流保护、过热保护、电源极性接反及瞬态过压保护(−20～60 V)功能。该稳压器输入电压为 5.6 V,输出电压为 5.0 V,功耗仅为 0.9 W,比 7805 的 4.5 W 小得多,可以不用散热片。如果采用市电供电,则变压器功率可以相应减小。

6.3 开关电源电路

6.3.1 开关电源的特点及类型

当稳压电源中的调整管 V 在控制脉冲作用下工作于开关状态,通过适当调整开通和关断的时间,可使输出电压稳定的稳压电源称为开关稳压电源。调整管开通和关断时间的控制方式有两种:一种是固定开关频率,控制脉冲宽度(PWM——脉冲宽度调制);一种是固定脉冲宽度,控制开关频率(PFM——脉冲频率调制)。开关型稳压电源具有体积小、质量轻、功耗小、效率高、稳压范围宽和可靠性高等优点;但同时也存在电路复杂、维修麻烦和高次谐波辐射易对电路构成干扰等缺点。

按开关管与负载的连接方式可将开关型稳压电源分为串联开关式稳压电源和并联开关式稳压电源两种类型。本章只介绍串联开关型稳压电源。

6.3.2 开关电源基本结构与工作原理

1. 基本结构

图 6-16 所示为串联开关型稳压电路的组成框图,开关调整管 V 与负载 R_L 串联。它包括调整管 V 及其开关驱动电路(电压比较器)、取样电路(电阻 R_1 和 R_2)、三角波发生电路、基准电压电路、比较放大电路、滤波电路(电感 L、电容 C 和续流二极管 D)等几个部分。

2. 工作原理

基准电压电路提供稳定的基准电压 U_{REF},比较放大器 A_1 对取样电压 U_F 与基准电压 U_{REF} 的差值进行放大,其输出电压 U_A 送到电压比较器 A_2 的同相输入端。振荡器产生一个频率固定的三角波 U_T,它决定了电源的开关频率。U_T 送到电压比较器 A_2 的反相输入端,与 U_A 进行比较。当 $U_A > U_T$ 时,A_2 输出电压 U_B 为高电平,调整管 V 饱和导通;当 $U_A < U_T$ 时,输出电压 U_B 为低电平,调整管 V_1 截止。U_A、U_T 和 U_B 波形如图 6-17(a)、(b)所示。

设开关调整管的导通时间为 t_{on},截止时间为 t_{off}(见图 6-17(c)),脉冲波形的占空比定义为

$$q = \frac{t_{on}}{T} = \frac{t_{on}}{t_{on} + t_{off}}$$

当开关调整管饱和导通时,忽略饱和压降,$U_E \approx U_i$,则输出电压平均值为

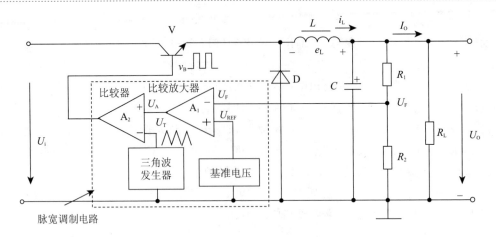

图 6-16　串联开关型稳压电路原理图

$$U_o = qU_i$$

电路采用 LC 滤波，D 为续流二极管。当调整管 V 导通时，二极管 D 截止；当 V 截止时，电感 L 的自感电动势 e_L 极性如图 6-16 所示。自感电动势 e_L 加在 R_L 和 D 的回路上，二极管 D 导通（电容 C 同时放电），负载 R_L 中继续保持原方向电流。续流滤波波形如图 6-17(d) 所示。

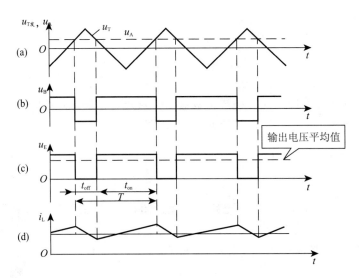

图 6-17　串联开关型稳压电路波形图

假设输出电压 U_o 升高，取样电压 U_F 同时增大，比较放大器 A_1 输出电压 U_A 下降，调整管 V 导通时间 t_{on} 减小，占空比 q 减小，输出电压 U_o 随之减小，结果使 U_o 基本不变。调节过程如下：

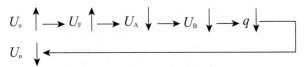

当 U_o 降低时，与上述调节过程相反。

以上控制过程是在保持调整管开关周期 T 不变的情况下,通过改变调整管导通时间 t_{on} 来调节脉冲占空比,从而实现稳压的,故称为脉宽调制式(PWM)稳压电源,简化电路如图 6-18 所示。PWM 的优点是在负载较重的情况下效率很高,电压调整率高,线性度高,输出纹波小,适用于电压和电流控制模式;缺点是输入电压调制能力弱,轻负载下效率下降。

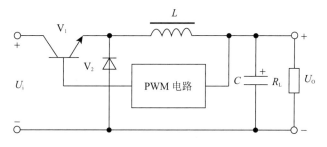

图 6-18 开关型稳压电路简化电路

开关型稳压电源的最低开关频率 f_T 一般在 10 Hz～100 kHz 范围内。f_T 越高,需要使用的 L、C 值越小。这样,系统的尺寸和质量将会减小,成本将随之降低。另一方面,开关频率的增加将使开关调整管单位时间转换的次数增加,使开关调整管的管耗增加,而效率将降低。

6.3.3 实际开关电源电路

MAX668 是 MAXIM 公司的产品,被广泛用于便携产品中。该电路采用固定频率、电流反馈型 PWM 电路,脉冲占空比由 $(U_{out}-U_{in})/U_{in}$ 决定,其中 U_{out} 和 U_{in} 是输出输入电压。输出误差信号是电感峰值电流的函数,内部采用双极性和 CMOS 多输入比较器,可同时处理输出误差信号、电流检测信号及斜率补偿纹波。MAX668 具有低的静态电流(220 μA),工作频率可调(100～500 kHz),输入电压范围为 3～28 V,输出电压可高至 28 V。用于升压的典型电路如图 6-19 所示,该电路把 5 V 电压升至 12 V,输出电流为 1 A 时,转换效率高于 92%。

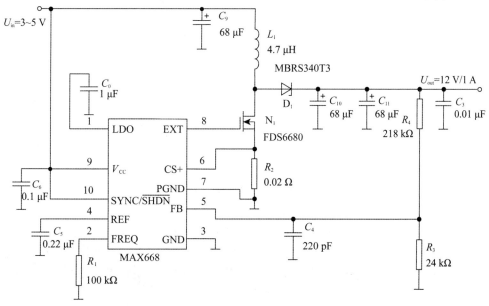

图 6-19 由 MAX668 组成的升压电源

MAX668 的引脚说明：

引脚 1，LDO，该引脚是内置 5 V 线性稳压器输出，该引脚应该连接 1 μF 的陶瓷电容。

引脚 2，FREQ，工作频率设置。

引脚 3，GND，模拟地。

引脚 4，REF，1.25 V 基准输出，可提供 50 μA 电流。

引脚 5，FB，反馈输入端，FB 的门限为 1.25 V。

引脚 6，CS＋，电流检测输入正极，检测电阻接到 CS＋与 PGND 之间。

引脚 7，PGND，电源地。

引脚 8，EXT，外部 MOSFET 门极驱动器输出。

引脚 9，V_{CC}，电源输入端，旁路电容选用 0.1 μF 电容。

引脚 10，SYNC/$\overline{SHDN}$，停机控制与同步输入。它有两种控制状态：低电平输入，DC—DC 关断；高电平输入，DC-DC 工作频率由 FREG 端的外接电阻 R_{OSC} 确定。

本章小结

1. 直流稳压电源由整流电路、滤波电路和稳压电路组成。整流电路将交流电压变为脉动的直流电压，滤波电路可减小脉动使直流电压平滑，稳压电路的作用是在电网电压波动或负载发生变化时保持输出电压基本不变。

2. 按交流电类型不同可分为单相整流和三相整流；按输出波形不同可分半波整流和全波整流。最常见的整流电路是单相桥式整流电路，其输出电压约为 $0.9U_2$（U_2 为变压器副边电压有效值）。

3. 滤波电路可分电容滤波、电感滤波、复合滤波。当 $R_L C$ 足够大时，桥式（全波）整流电容滤波电路的输出电压约为 $1.2U_2$。负载电流较小时，可采用电容滤波；负载电流较大时，应采用电感滤波；对滤波效果要求较高时，可采用复合滤波。

4. 稳压管稳压电路依靠稳压管的电流调节作用和限流电阻的电压调节作用，使输出电压稳定。其电路结构简单，但输出电压不可调，只适用于负载电流较小且其变化范围也较小的场合。

5. 串联型稳压电路主要由基准电压电路、取样电路、比较放大电路和调整管四部分组成。调整管接成射极输出形式，引入深度电压负反馈，从而使输出电压稳定。由于调整管始终工作在线性放大状态，功耗较大，效率较低。

6. 三端式集成稳压器只有三个引出端：输入端、输出端和公共端（或调整端）。使用时要注意不同型号集成稳压器引脚排列及其功能的差异，同时要注意电压、电流及耗散功率等参数不能高于其极限值。

7. 开关型稳压电路中的调整管工作于饱和导通与截止两种状态，本身功耗小，效率高，但一般输出纹波电压较大，电压调节范围较小。脉宽调制式（PWM）开关型稳压电路是在控制脉冲频率不变的情况下，通过电压反馈调节其占空比，进而改变调整管饱和导通的时间来稳定输出电压的。

8. 直流-直流（DC-DC）电压变换电路是指将直流电变为另一固定电压或可调电压的直

流电,也称为直流斩波电路或直流－直流变换器。Buck 电路能进行降压,Boost 电路能进行升压,Buck－Boost 电路既能升压又能降压。

习 题

1. 判断如下说法是否正确。

① 直流电源是一种将正弦信号转换为直流信号的波形变化电路。( )

② 直流电源是一种能量转换电路,它将交流能量转换成直流能量。( )

③ 在变压器副边电压和负载电阻相同的情况下,桥式整流电路的输出电流是半波整流电路输出电流的 2 倍。( )

④ 若 U_2 为变压器副边电压的有效值,则半波整流电容滤波电路和全波整流电容滤波电路在空载时的输出电压均为 $\sqrt{2}U_2$。( )

⑤ 一般情况下,开关型稳压电路比线性稳压电路的效率高。( )

⑥ 整流电路可将正弦电压变为脉动的直流电压。( )

⑦ 整流的目的是将高频电流变为低频电流。( )

⑧ 在单相桥式整流电容滤波电路中,若有一只整流管断开,则输出电压平均值变为原来的一半。( )

⑨ 直流稳压电源中滤波电路的目的是将交流变为直流。( )

⑩ 开关型直流电源比线性直流电源效率高的原因是调整管工作在开关状态。( )

2. 在括号内选择合适的内容填空。

① 在直流电源中变压器次级电压相同的条件下,若希望二极管承受的反向电压较小,而输出直流电压较高,则应采用_____整流电路;若负载电流为 200 mA,则宜采用_____滤波电路;若负载电流较小的电子设备中,为了得到稳定的但不需要调节的直流输出电压,则可采用_____稳压电路或集成稳压器电路;为了适应电网电压和负载电流变化较大的情况,且要求输出电压可调,则可采用_____晶体管稳压电路或可调的集成稳压器电路。(半波、桥式、电容型、电感型、稳压管、串联型)

② 具有放大环节的串联型稳压电路在正常工作时,调整管处于_____工作状态。若要求输出电压为 18 V,调整管压降为 6 V,整流电路采用电容滤波,则电源变压器次级电压有效值应选_____V。(放大、开关、饱和、18、20、24)

3. 在题图 6-1 所示的整流滤波电路中,已知 $u_2 = 20$ V,现用直流电压表测得 A、B 两点间的电压如下:① $U_o = 28$ V,② $U_o = 24$ V,③ $U_o = 18$ V,④ $U_o = 9$ V,试指出哪种情况下电路工作正常,哪些情况下电路出了故障,并指出故障原因。

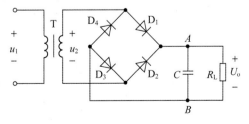

题图 6-1

4. 串联型稳压电路如题图 6-2 所示,稳压管 D_z 的稳定电压为 5.3 V,电阻 $R_1 = R_2 = 200\ \Omega$,晶体管 $U_{BE} = 0.7$ V。

① 试说明电路如下四个部分分别由哪些元器件构成(填空):

a. 调整管_____;

b. 放大环节_____;

c. 基准环节_____;

d. 取样环节_____。

② 当 R_P 的滑动端在最下端时 $U_o = 15$ V,求 R_P 的值。

③ 当 R_P 的滑动端移至最上端时,$U_o = ?$

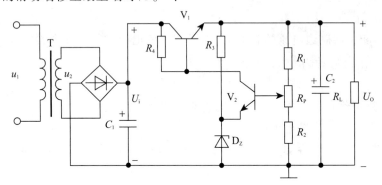

题图 6-2

5. 试将上题中的串联型晶体管稳压电路用 W7800 代替,并画出电路图;若有一个具有中心抽头的变压器、一块全桥、一块 W7815、一块 W7915,以及一些电容、电阻,试组成一个可输出 ±15 V 的直流稳压电路。

第7章 Multisim 10 的仿真应用

Multisim 软件是一种界面友好、操作简便、易学易懂,容纳实验科目众多的一种新型虚拟实验软件。该软件可以完成电路分析、模拟电子技术、数字电子技术、高频电子技术和单片机等众多课程的仿真实验。该软件的操作空间是二维空间,在计算机上运行。比起 LabVIEW 等虚拟实验设备,Multisim 软件既不需要附加硬件支持,又不需要专业编辑。因此,Multisim 软件在电子技术仿真实验中更具有专业性、实用性和灵活性。

7.1 Multisim 10 仿真软件介绍

7.1.1 Multisim 10 的用户界面及设置

1. Multisim 10 的启动

安装 Multisim 10 软件之后,系统会在桌面和开始栏这两个位置放置该应用程序的快捷方式图标,因此下列两种方法均可以启动 Multisim 10 应用程序。

① 单击"开始"→"程序"→"National Instrument"→"Circuit Design Suite 10.0"→"Multisem 10.0"命令。

② 双击桌面上的"Multisim 10"快捷图标。

启动 Multisim 10 程序后,弹出如图 7-1 所示的 Multisim 10 软件的基本界面。

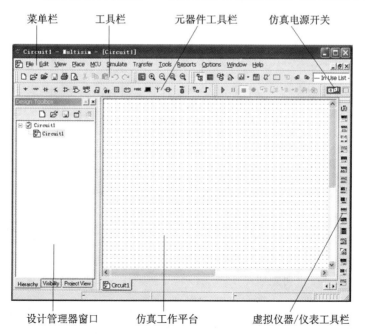

图 7-1 Multisim 10 的基本界面

2. Multisim 10 基本界面简介

Multisim 10 的基本界面由以下几部分组成：

(1) 菜单栏

Multisim 10 的菜单栏提供了该软件的绝大部分功能命令，如图 7-2 所示。

图 7-2 Multisim 10 菜单栏

(2) 工具栏

Multisim 10 工具栏中主要包括标准工具栏(Standard Toolbar)、主工具栏(Main Toolbar)、视图工具栏(View Toolbar)等，如图 7-3 所示。

图 7-3 Multisim 10 工具栏

(3) 元器件工具栏

Multisim 10 将所有的元器件分为 16 类，加上分层模块和总线，共同组成了元器件工具栏。单击每个元器件按钮可以打开元器件库的相应类别。元器件库中的各个图标所表示的元器件含义如图 7-4 所示。

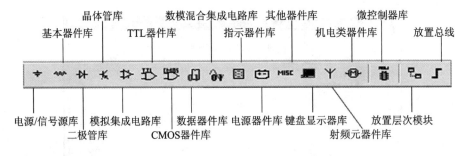

图 7-4 Multisim 10 的仿真开关

(4) 虚拟仪器/仪表工具栏

虚拟仪器/仪表通常位于电路窗口的右边，也可以将其拖至菜单栏的下方，呈水平状。使用时，单击所需仪器/仪表的工具栏按钮，将该仪器/仪表添加到电路窗口中，即可在电路中使用该仪器/仪表。各个按钮功能如图 7-5 所示。

(5) 设计管理器窗口

利用该窗口可以把电路设计的原理图、PCB 图、相关文件、电路的各种统计报告进行分类管理，利用"View"→"Desigh Toolbar"，可以打开或关闭设计管理器窗口。

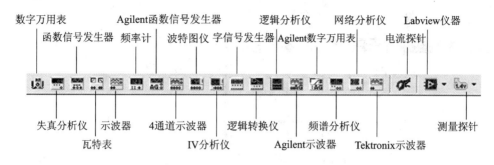

图 7-5 Multisim 10 虚拟仪器/仪表工具栏

(6) 仿真工作台

仿真工作平台又称电路工作区,是设计人员创建、设计、编辑电路图和进行仿真分析、显示波形的区域。

(7) 仿真开关

仿真开关有两处:一处仿真开关的运行按钮为"绿色箭头",暂停按钮为"黑色两竖条",停止按钮为"红色方块";另一处仿真开关为"船形开关",暂停按钮上有两竖条。两处按钮功能完全一样,即启动/停止、暂停/恢复,如图 7-6 所示。

(a) 仿真开关1　　(b) 仿真开关2

图 7-6 Multisim 10 的仿真开关

3. Multisim 10 基本界面的定制

在进行仿真实验以前,需要对电子仿真软件 Multisim 10 的基本界面进行一些必要的设置,包括工具栏、电路颜色、页面尺寸、聚焦倍数、边线粗细、自动存储时间、打印设置和元件符号系统(美式 ANSI 或欧式 DIN)设置等。所定制的设置可与电路文件一起保存。这样就可以根据电路要求及个人爱好设置相应的用户界面,目的是为了更加方便原理图的创建、电路的仿真分析和观察理解。因此,创建一个电路之前,一定要根据具体电路的要求和用户的习惯设置一个特定的用户界面。在设置基本界面之前,可以暂时关闭"设计管理器"窗口,使电子平台图纸范围扩大,方便绘制仿真电路。方法是:单击主菜单中的"View"→"Design Toolbar",即可以打开或者关闭"设计管理器"窗口。

定制当前电路的界面,一般可通过菜单中的"Option"(选项)菜单中的"Global Preferences"(全局参数设置)和"Sheet Preferences"(电路图或子电路图属性参数设置)两个选项进行设置。

(1) Global Preferences (全局参数设置)

单击菜单栏中的"Options"→"Global Preferences",即会弹出"Preferences"(首选项)对话框,如图 7-7 所示。该对话框共有 4 个标签页,每个标签页都有相应功能选项。这 4 个标签页是:Paths(路径设置)、Save(保存设置)、Parts(设置元器件放置模式和符号标准)、General(常规设置),如图 7-8 所示。

1)"Paths"(路径)选项卡

该选项主要用于元器件库文件、电路图文件和用户文件的存储目录的设置,系统默认的目录为 Multisim 10 的安装目录,包括:

① Circuit default path(电路默认路径):用户在进行仿真时所创建的所有电路图文件都

将自动保存在这个路径下,除非在保存的时候手动浏览到一个新的位置。

图 7-7 "Paths"选项卡

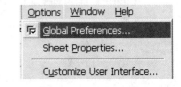

图 7-8 Options 的下拉菜单

② User button images path(用户按钮图像路径):用户自己设计图形按钮的存储目录。

③ Database Files(元器件库目录):Multisim 10 提供了 3 类元器件库:Master Database(主数据库,包含了 Multisim 10 提供的所有元器件,该库不允许用户修改)、User Database(用户数据库)、Corporate Database(公司数据库)。后两个元器件库在新安装的软件中没有元器件。

该标签页用户采取默认方式,如图 7-7 所示。

2)"Save"(保存)选项卡

单击"Preferences"对话框中的"Save"(保存标签),打开"Save"标签页,如图 7-9 所示。该标签页用于对设计文档进行自动保存以及对仪器仪表的仿真数据保存进行设置。

① "Crate a "security copy""选项:获得一个安全电路文件备份。在保存文档时,创建一个安全的副本,这样当原文件由于某种原因被破坏或者不能使用时,可以通过安全副本方便地重新得到,所以应勾选这个选项。

② "Auto-backup"选项:自动备份及备份时间间隔。如果勾选该项,则表示每隔一定时间,系统会自动对设计文件进行保存。用户可以在"Auto-backup interal"(自动保存时间间隔)框中输入时间即可,单位为分钟。

③ "Save simulation data with instruments"选项:建立仿真仪表数据保存功能及最大保存容量。如果保存的数据超过了"Maximum size"(最大保存容量),系统会弹出警告提示,容量的单位为 MB(兆字节)。图 7-9 为"Save"选项卡对话框。

3)"Parts"(元器件放置方式和符号标准)选项卡

该标签页主要用于选择放置元器件的方式、元器件符号标准、图形显示方式和数字电路仿真设置等,如图 7-10 所示。

① "Place component mode"(设置元器件放置方式)选项

● Return to Component Browsey after placement:在电路图中放置元器件后是否返回元

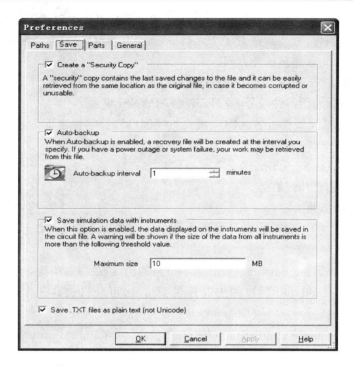

图 7-9 "Save"选项卡

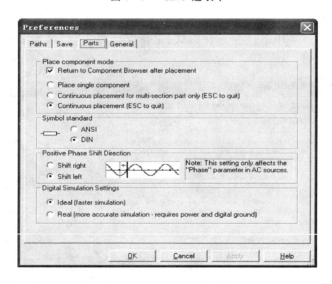

图 7-10 "Parts"选项卡

器件选择窗口,选择默认方式。

- Place single Component:每次选取一个元器件,只能放置一次。不管该元器件是单个封装还是复合封装(指一个 IC 内有多个相同的单元器件)。
- Continuous placement for multi-section part only(ESC to quit):按 ESC 键或右击可以结束放置。例如:集成电路 74LS00 中有 4 个完全独立的与非门,使用这个选项意味着可以连续放置 4 个与非门电路,并自动编排序号 U1A、U1B、U1C、U1D,但对单个分立元器件不能连续放置。

- Continuous placement(ESC to quit):不管该元器件是单个封装还是复合封装,只要选取一次该元器件,可连续放置多个元器件,直至按 ESC 键或右击可结束放置。为了画图快捷方便,建议选择这种方式。

② "Symbol standard"(元器件符号标准)选项组:
- ANSI:美国标准元器件符号,业界广泛使用 ANSI 模式。
- DIN:欧洲标准元器件符号。DIN 模式与我国电气符号标准非常接近,一般选择 DIN 模式。

③ "Positive Phase Shift Direction"(选择相移方向):
- Shift right:图形曲线右移。
- Shift left:图形曲线左移。

用户可以选择向左或者向右,通常默认曲线左移。该项设置只是信号源为交流电源时才起作用。

④ "Digital Simulation Setting"(设置数字电路的仿真方式)选项组:
- Ideal(faster simulation):按理想器件模型仿真,可获得较高速度的仿真。通常选择"Ideal"方式。
- Real(more accurate simulation—requires power and digital ground):表示更加真实准确的仿真。这要求在编辑电路原理图时,要给数字元器件提供电源符号和数字接地符号,其仿真精度较高,但仿真速度较慢。

4) "General"(常规)选项卡

"General"选项卡主要用于设置选择方式、鼠标操作模式、总线连接和自动连接模式,如图 7 - 11 所示。

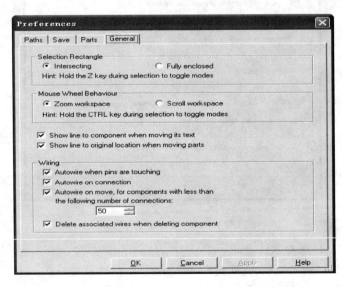

图 7 - 11 "General"选项卡

① "Selection Restangle"(矩形选择操作)选项组:
- Intersection(相交):选中元器件时只要用鼠标拖曳形成一个矩形方框,只要矩形框和元器件相交,即可将该元器件选中,一般默认这种方式。

- Fully enclosed(全封闭)：欲选中元器件时，必须用鼠标拖曳形成一个矩形框，一定要将元器件包围在矩形框中，才能将该元器件选中。

注意：在选中元器件过程中，通过按住 Z 字键，在上述两种方式中进行切换。

② "Mouse Wheel Behavior"(鼠标滚动模式)选项组：
- Zoom workspace：鼠标滚轮时，可以实现图纸的放大或缩小，一般默认这种方式。
- Scyoll workspace：鼠标滚动时，电路图页面将上下移动。

用户可以在滚动鼠标滚轮时，通过按下 Ctrl 键对两种操作方式进行切换。

③ "Show line to component when moving its text"选项：选中该选项，移动元器件标识过程中，系统将实时显示该文本与元器件图标间的连线。

④ "Show line to original location when moving parts"选项：选中该选项，移动元器件过程中，系统将实时显示元器件当前位置与初始位置的连线。

⑤ "Wiring"(布线)选项组：设置线路绘制中的一些参数，即
- Autowine when pins are touching：当元器件的引脚碰到连线时自动进行连接，应勾选。
- Autowine on connection：选择是否自动连线，应该勾选。
- Autowine on move, for…：如果电路图中元器件的连接线没有超过一定数量，选中此选项，在移动某个元器件时，将自动调整连接线的位置。如不勾选此项，若元器件连接线超过一定数量，移动元器件时，自动调整连线的效果不理想。用户可根据实际情况设定连线的数量，默认值为 50 条。
- Delete associated wines when deleting component：选中此项，当删除电路图中某个元器件时，同时删除与它相连接的导线。

对于初学者来说，"General"选项卡可采用默认方式。

完成以上设置并保存后，下次打开运行该软件时就不必再设置了。

(2) Sheet properties(电路图属性设置)

选择"Options"→"Sheet Properties"命令(见图 7 - 12)，弹出 Sheet Properties(页面设置)对话框，如图 7 - 13 所示。该对话框共有 6 个标签页，每个标签页都有多个功能设置选项，基本包括 Multisim 10 电路仿真工作区的全部界面设置选项。

1) "Circuit"(电路)选项卡

该标签页有两个选项组，"Show"(显示)和"Color"(颜色)，主要用于设置电路仿真工作区中元器件的标号和参数、节点的名称及电路图的颜色等。

① "Show"(显示)选项：设置元器件、网络、连线上显示的标号等信息，分为元器件、网络和总线 3 个选项。

a. "Component"(元器件属性显示)选项
- Labels：是否显示元器件的标注文字，标注文字可以是字符串，但没有电气含义。
- RefDes：是否显示元器件在电路图中的编号，如 R1、R2、C1、C2 等。
- Values：是否显示元器件的标称值或型号，如 5.1 kΩ、100 μF、74LS00D 等。
- Initeal Conditions：是否显示元器件的初始条件。
- Tolerance：是否显示元器件的公差。
- Variant Data：是否显示不同的特性，一般不选。
- Attributes：是否显示元器件的属性，如生产厂家等，一般不选。

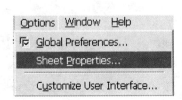

图 7-12 Options 的下拉菜单

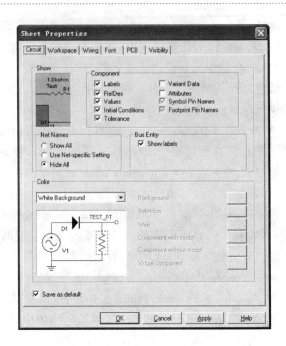

图 7-13 "Sheet Properties"(页面设置)对话框

- Symbol Pin Name：是否显示元器件引脚的功能名称。
- Footprint Pin Name：是否显示元器件封装图中引脚序号。

最后两个选项框默认为灰色。上述各个选项，一般选择默认。

b. "Net Nasines"(网络属性显示)选项

- Show All：显示电路的全部节点编号。
- Use Net-specific Setting：选择显示某个具体的网络名称。
- Hide All：选择隐藏电路图中所有节点编号。

c. Bus Entry(总线属性显示)选项

- Show labels：是否显示导线和总线连接时每条导线的网络称号，必须勾选。

② "Color"(电路图颜色)选项

通过下拉菜单可以设置仿真电路中元器件、导线和背景的颜色。在颜色选择栏有 5 种配色方案供选择，依次是：Custom(用户自定义)、Black Backg round(黑底配色方案)、White Backgyound(白底配色方案)、White & Black(白底黑白配色方案)、Black & White(黑底黑白配色方案)。一般采取默认"White Backgyound"(白底配色方案)方案，即图纸为白色，导线为红色，元器件为蓝色。右下角方框为电路颜色显示预览，如图 7-13 所示。

2) "Workspace"(工作区)选项卡

单击"Sheet Properties"对话框中"Workspace"标签，即可打开如图 7-14 所示的"Workspace"标签页。该标签页有两个选项组，主要用于设置电路仿真工作区显示方式、图纸的尺寸和方向等，其具体功能如下：

① Show(显示子选项)选项组

- Show grid：是否显示栅格，在画图时，显示栅格可以方便元器件的排列和连线，使得电路图美观大方，所以一般要勾选该选项。

- Show page bounde：是否显示图纸的边界。
- Show border：是否显示图纸边框，一般选择显示边框。

② Sheet size(图纸尺寸设置)选项组

电路图可以用打印机打印，打印前要预先设置图纸的规格，通过下拉式菜单可以选择美国标准图纸 A、B、C、D、E，也可选择国际标准 A4、A3、A2、A1、A0 或者自定义。

- Orientation：设置图纸摆放的方向，Portrait(竖放)或者 Landscape(横放)。
- Custom Size：设置自定义纸张的 Width(宽度)和 Height(高度)，单位为 Inchtom(英寸)或 Centimeters(厘米)。

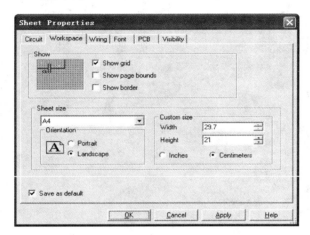

图 7-14 "Workspace"选项卡

3)"Wiring"(连线选项)选项卡

单击"Sheet Properties"对话框中的"Wiring"标签，如图 7-15 所示。该标签页有两个选项，主要用于设置电路图中导线和总线的宽度以及总线的连线方式。

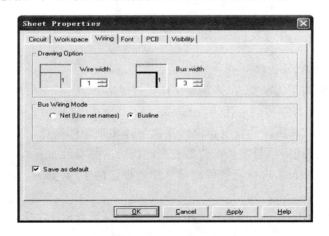

图 7-15 "Wiring"选项卡

ⓐ Drawing Option：左边用来设置导线的宽度，宽度选值范围为 1～15，数值越大，导线越宽。右边用来设置总线宽度，其宽度选值为 3～45，数值越大，总线越宽。一般默认系统的设置。

ⓑ Bus Wiring Mode：设置总线的自动连接方式。

总线的操作有两种模式：Net 模式(网络形式)和 Busline 模式(总线形式)，一般情况下，选择 Net 模式。

4) Font(字体选项)选项卡

单击"Sheet Properties"对话框的"Font"标签，即可打开如图 7-16 所示的"Font"标签页。该标签页用于设置图纸中元器件参数、标识等文字的字体、字形和尺寸，以及字形的应用范围。

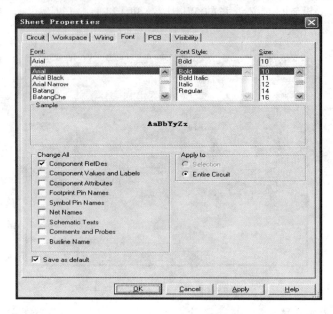

图 7-16 "Font"选项

① 选择字形
- Font(字体)：用于选择字体，默认"Arial"宋体。
- Font Style(字形)：有 Bold(粗体字)、Bold Italic(粗斜体)、Italic(斜体字)和 Regular(正常)4 种选择。
- Size：选择字体大小。
- Sample：设置的字体预览，用来观察字体设置效果。

② Change All(选择字体的应用项目)

通过"Change All"选项组设置电路窗口某项字体实现整体变化，即改变某项目中字体的设置，以后所画的电路图同项目字体都将随着变化。可选的项目如下：
- Component Refdes：选择元器件编号采用所设定的字形，如 R1、C1、Q1、U1A、U1B 等元器件编号。
- Component Values and Label：选择元器件的标称值和标注文字采用所设定的字形。
- Component Attributes：选择元器件属性文字采用的字形。
- Footprint Pin Names：选择元器件引脚编号采用的字形。
- Symbol Pin Names：选择元器件引脚名称采用的字形。
- Net Names：选择网络名称采用的字形。
- Schematic Texts：选择电路图里的文字采用的字形。

- Comments and Probes：选择注释和探针采用的字形。
- Busline Name：选择总线名称采用的字形。

该选项对初学者来讲可采取默认方式。

③ Apply to(选择字体的应用范围)
- Selection：应用于选取的项目。
- Entire Circuit：应用于整个电路图。

上述 4 个标签页，在每个标签页设置完成后应该取消对话框左下角"Save as default"（以默认值保存）复选框，然后单击对话框下方的"Apply"按钮，再单击"OK"按钮退出。

以上设置完成并被保存后，下次打开软件就不必再设置。对初学者来说，完成以上设置就可以了，如要了解其他选项及设置，可以参阅相关书籍。

7.1.2 Multisim 10 元器件库及其元器件

1. Multisim 10 的元器件库

Multisim 10 的元器件存放于 3 种不同的数据库中，即 Master Database（主数据库）、Corporate Database（公司数据库）和 User Database（用户数据库）。后两者存放企业或个人修改、创建和导入的元器件。第一次使用 Multisim 10 时，Corporate Database 和 User Database 是空的。主数据库是默认的数据库，它又被分成 17 个组，每个组又被分成若干个系列（Family），每个系列由许多具体的元器件组成。Multisim 10 的元器件库如图 7-17 所示。

Master Database 中包括 17 个元器件库。其中包括 Sources（电源/信号源库）、Basic（基本元器件库）、Diodes（二极管库）、Transistors（晶体管库）、Analog（模拟元器件库）、TTL（TTL 元器件库）、CMOS（CMOS 元器件库）、Mcu（微控制器库）、Advances_Peripherals（先进外围设备库）、Misc Digital（数字元器件库）、Mixed（混合元器件库）、Indicator（指示元器件库）、Power（电力元器件库）、Misc（杂项元器件库）、RF（射频元器件库）、Electro Mechanical（机电类元器件库）和 Ladder-Diagrams（电气符号库）。在 Master Database 数据库下面的每个分类元器件库中，又包括若干个元器件系列（Family），每个系列又包括若干个元器件。

当用户从元器件库中选择一个元器件符号放置到电路图窗口后，相当于将该元器件的仿真模型的一个副本输入到电路图中。在电路设计中，用户从元器件的任何操作都不会改变元器件库中元器件的模型数据。

- Data base 下拉列表：选择元器件所属的数据库，默认 Master Databse（主数据库）。
- Group 下拉列表：选择元器件库的分类，共 17 种不同类型的库。
- Family 栏：每种库中包括的各种元器件系列。
- Component 栏：每个系列中包括的所有元器件。
- Symbol(DIN)：显示所选元器件的电路符号（这里选择的是欧洲标准）。

（1）Sources（电源/信号源库）

电源/信号源库中包括正弦交流电压源、直流电压源、电流信号源、接地端、数字接地端、时钟电压源、受控源等多种电源，如图 7-17 所示。

（2）Basic（基本元器件库）

基本元器件库中有 17 个系列（Family），每一系列又包括各种具体型号的元器件，常用的电阻、电容、电感和可变电阻、可变电容都在这个库中。还有电解电容器、开关、非线性变压器、继电器、连接器、插槽等,如图 7-18 所示。

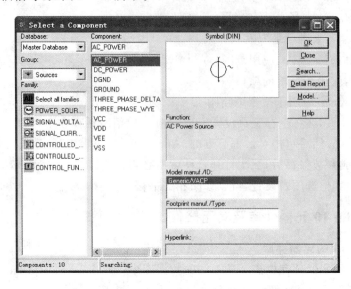

图 7-17 电源/信号源库

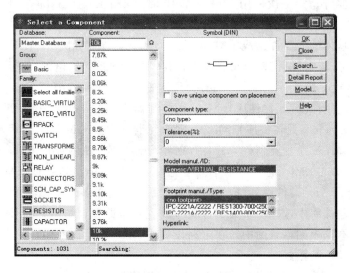

图 7-18 基本元器件库

(3) Diodes(二极管库)

二极管库中共有 11 个系列(Family),其中包含 DIODE(普通二极管)、ZENER(稳压二极管)、LED(发光二极管)、FWB(桥式整流二极管组)和 SCR(晶闸管)等。DIODES_VIRTUAL(虚拟二极管)只有两种,其参数是可以任意设置的,如图 7-19 所示。

(4) Transistors(晶体管库)

三极管库包含 20 个系列(Family),其中有 NPN 型晶体管、PNP 型晶体管、达林顿晶体管、结型场效应晶体管、耗尽型 MOS 场效应晶体管、增强型 MOS 场效应晶体管、MOS 功率管、CMOS 功率管等,如图 7-20 所示。

(5) Analog(模拟集成电路)

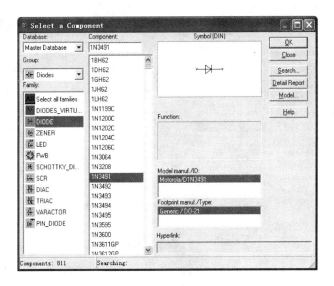

图 7-19 二极管库

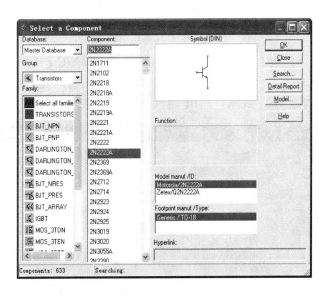

图 7-20 三极管库

模拟集成电路元器件库含有 6 个系列(Family),分别是 ANALOG VIRTUAL(虚拟运算放大器)、OPAMP(运算放大器)、OPAMP NORTON(诺顿运算放大器)、比较器、宽带放大器等,如图 7-21 所示。

(6) TTL(TTL 元器件库)

TTL 元器件库包含 9 个系列(Family),主要包括 74STD_IC、74STD、74S_IC、74S、74LS_IC、74LS、74F、74ALS、74AS。每个系列都含有大量数字集成电路。其中,74STD 系列是标准 TTL 集成电路,74LS 系列是低功耗肖特基工艺型集成电路,74AS 代表先进(即高速)的肖特基型集成电路,是"S"系列的后继产品,在速度上高于"ALS"系列。74ALS 代表先进(即高速)的低功耗肖特基工艺,在速度和功耗方面均优于"74LS"系列,是其后继产品。74F 为仙童公司的高速低功耗肖特基工艺集成电路。

模拟电路

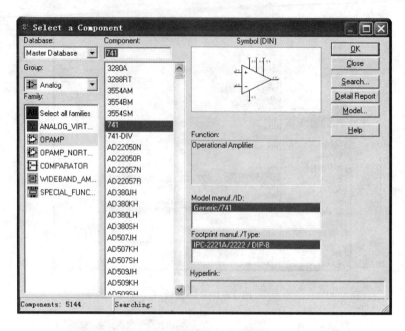

图 7-21 模拟集成电路库

Multisim 10 中的"IC"结尾表示使用集成块模式,而没有 IC 结尾的表示使用单元模式。TTL 元器件一般是复合型结构,在同一个封装里有多个相互独立的单元电路,如 74LSO8D,它有 A、B、C、D 四个功能完全一样的与门电路,如图 7-22 所示。

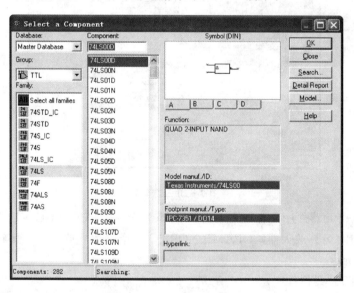

图 7-22 TTL 元件库

(7) CMOS(CMOS 元器件库)

COMS 集成电路是以绝缘栅场效应晶体管(即金属—氧化物—半导体场效应晶体管,亦称单极型晶体管)为开关的元器件。Multisim 10 提供的 CMOS 集成电路共有 14 个系列(Family),主要包括 74HC 系列、4000 系列和 TinyLogic 的 NC7 系列的 COMS 数字集成电路。

在 CMOS 系列中又分为 74C 系列、74HC/HCT 系列和 74AC/ACT 系列。对于相同序号的数字集成电路,74C 系列与 TTL 系列的引脚完全兼容,故序号相同的数字集成电路可以互换,并且 TTL 系列中的大多数集成电路都能在 74C 系列中找到相应的序号。74HC/HCT 系列是 74C 系列的一种增强型,与 74LS 系列相比,74HC/HCT 系列的开关速度提高了 10 倍;与 74C 系列相比,74HC/HCT 系列具有更大的输出电流。74AC/ACT 系列也称为 74ACL 系列,在功能上等同于各种 TTL 系列,对应的引脚不兼容,但 74AC/ACT 系列的集成电路可以直接使用到 TTL 系列的集成电路上。74AC/ACT 系列在许多方面超过 74HC/HCT 系列,如抗噪声性能、传输延时、最大时钟速率等。

Multisim 10 软件根据 CMOS 集成电路的功能和工作电压,将它分成 6 个系列:CMOS_5V、CMOS_10V、CMOS_15V 和 74HC_2V、74HC_4V、74HC_6V。Multisim 10 中同样有 CMOS 的 IC 模式的集成电路,分别是 CMOS_5V_IC、CMOS_10V_IC 和 74HC_4V_IC。

TinyLogic 的 NC7 系列根据供电方式分为:TinyLogic_2V、TinyLogic_3V、TinyLogic_4V、TinyLogic_5V 和 TinyLogic_6V,共五种类型,如图 7-23 所示。

在对含有 CMOS 数字器件的电路进行仿真时,必须在电路工作区内放置一个 VDD 电源符号,其数值根据 CMOS 器件要求来确定,同时还要再放一个数字接地符号。

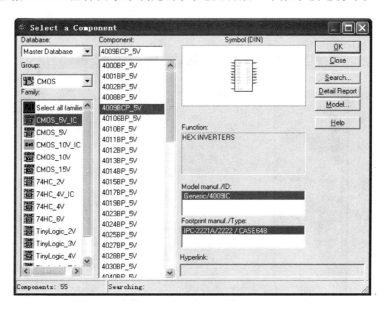

图 7-23 CMOS 数字集成电路库

(8) MCU Module(微控制器元器件库)

MCU Module 库包含 4 个系列(Family):8051 和 8052 两种单片机、PIC 系列的两种单片机、数据存储器和程序存储器,如图 7-24 所示。

(9) Advanced_Peripherals(高级外围设备库)

Advanced_Peripherals 库包括 KEYPADS(键盘)、LCD(液晶显示器)和 TERNUNALS(终端设备),如图 7-25 所示。

(10) Misc Digital(其他数字器件库)

其他数字器件库包括 TIL、DSP、FPGA、PLD、CPLD、微控制器、微处理器、VHDL、存储

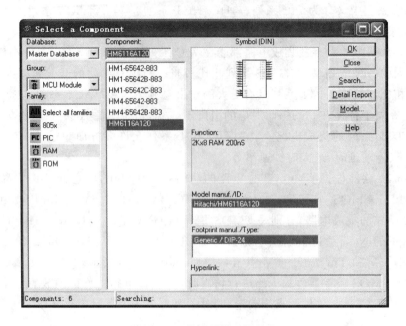

图 7-24 微控制器元器件库

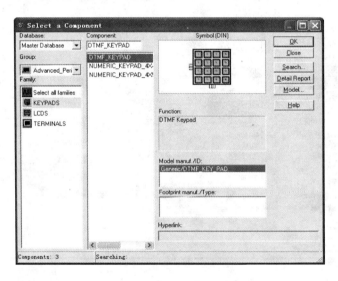

图 7-25 高级外围设备库

器、线性驱动器、线性接收器、线性无线收发器等 12 个系列器件，如图 7-26 所示。

(11) Mixed(数模混合元器件库)

数模混合元器件库包括 5 个系列(Family)，主要有 Timer(555 定时器)、ADC/DAC(模数/数模转换器)、MULTIVBRATORS(多谐振荡器)等，如图 7-27 所示。

(12) Indicatoy(指示器件库)

指示器件库包括 8 个系列(Family)，它们是 VOLTMER(电压表)、AMMETER 电流表)、PROBE(逻辑指示灯)、BUZZER(蜂鸣器)、LAMP(指示灯)、VIRTUAL_LAMP(虚拟指示灯)、HEX_DISPLAY(7 段数码管)等，如图 7-28 所示。

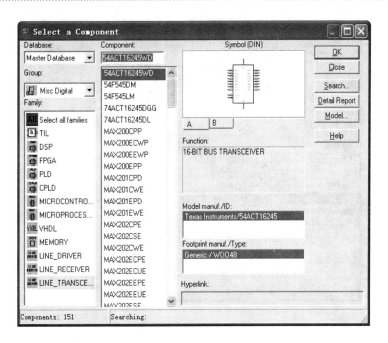

图 7-26 其他数字器件库

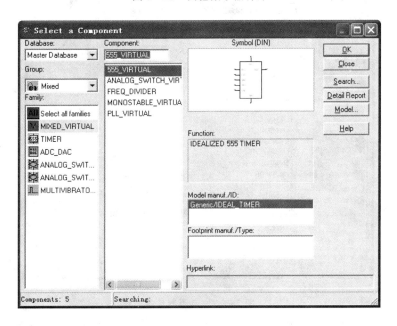

图 7-27 数模混合器件库

(13) POWER(电源器件库)

电源器件库包括 FUSE(熔断器)、VOLTAGE_REGULATOR(三端稳压器)、PWM_CONTROLLER(脉宽调制控制器)等,如图 7-29 所示。

(14) Misc(杂项元器件库)

杂项元器件库包括:传感器、OPTOCOUPLER(光电耦合器)、CRYSTAL(石英晶体振荡器)、VACUUM_TUBE(电子管)、BUCK_CONVERTER(开关电源降压转换器)、BOOST_

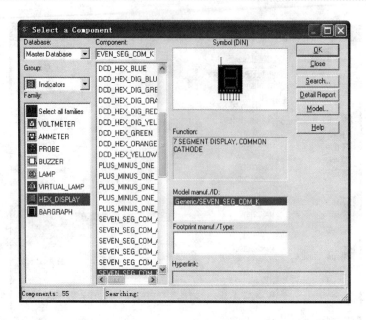

图 7-28 指示器件库

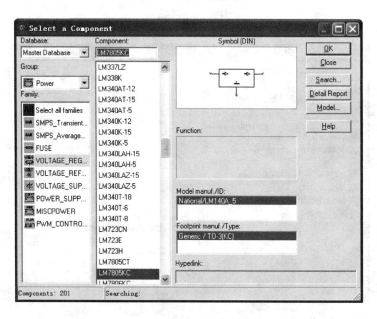

图 7-29 电源器件库

CONVERTER(开关电源升压转换器)、BUCK_BOOST_CONVERTER(开关电源升降压转换器)、LOSSY_TRANSMISSION LINE(有损耗传输线)、LOSSLESS_LINE TYPE1(无损耗传输线1)、LOSSLESS_LINE_TYPE2(无损耗传输线2)、FILTERS(滤波器)等,如图 7-30 所示。

(15) RF(特高频元器件库)

射频(特高频)器件库包括 RF_CAPACITOR(射频电容)、RF_INDUCTOR(射频电感)、RFBJT_NPN(射频 NPN 型三极管)、RF_BJT_PNP(射频 PNP 型三极管)、RF_MOS_3TDN

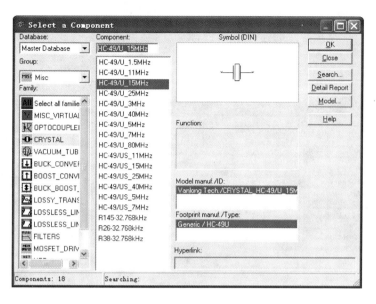

图 7-30 杂项元器件库

（射频 MOSFET 管）、带状传输线等多种射频元器件，如图 7-31 所示。

(16) Electro_mechanical(机电类器件库)

机电类器件库包括 SENSING_SWITCHES(检测开关)、MOMENTARY_SWITCHES(瞬时开关)、SUPPLEMENTARY_CONTACTS(附加触点开关)、TIMED_CONTACTS(定时触点开关)、COILS_RELAYS(线圈和继电器)、LINE_TRANSFORMER(线性变压器)、PROTECTION_DEVICES(保护装置)三相电机等器件，如图 7-32 所示。

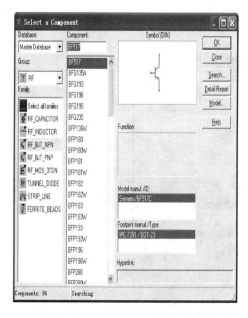

图 7-31 射频元器件库

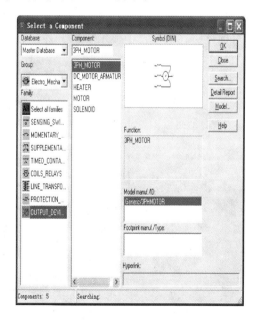

图 7-32 机电元器件库

2. 元器件的查找

在元器件库中查找元器件的途径有两种,即分门别类地浏览查找(见图 7-33)和输入元器件名称查找。

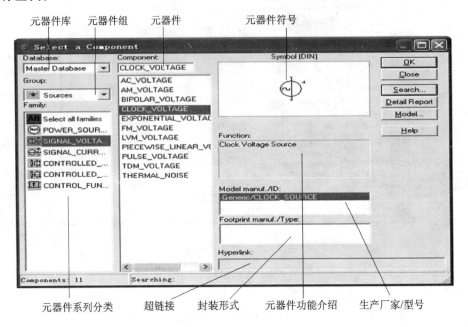

图 7-33 元器件库浏览窗口

(1) 分门别类浏览查找

选取元器件时,首先要知道该元器件属于哪个元器件库(17 个元器件库),将光标指向元器件工具栏上的元器件所属的元器件分类库图标,即可弹出"Select a Component"(选择元器件)对话框。在该窗口中显示所选元件的相关资料,如图 7-34 所示。

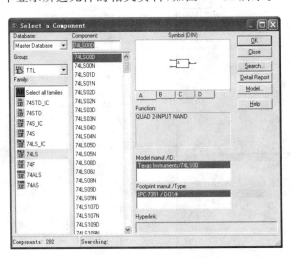

图 7-34 复合封装元器件的查找

在该浏览窗口中首先在 Group 下拉列表中选择器件组,再在 Family 下拉列表中选择相应的系列,这时在元器件区弹出该系列的所有元器件列表,选择一种元器件,功能区就出现了该元器件的信息。

案例：复合封装元器件 74LS00 的放置。

单击元器件工具栏中的"⊕"图标，弹出"Select a component"对话框，在"Family"下拉列表中选择"74LS"，在"component"列表中，可以看到 74LS 系列所有的元器件。选择 74LS00D，单击"OK"按钮，切换到电路图设计窗口下，如果是第一次放置 74LS00D，可以看到如图 7-35(a)所示的选择菜单，这意味着最多可以连续放置 4 个与非门电路，移动光标在菜单的"A"、"B"、"C"、"D"上单击右键，与非门电路就会自动出现在电路工作区，并自动编排序号 U1A、U1B、U1C、U1D，如图 7-35(b)所示。

图 7-36(a) 所示的菜单，表示在电路工作区已经放置过该元器件的一个单元电路，元器件的标识为"U1"。用户可以单击"U1"中的"B"、"C"、"D"继续放置。也可以单击"New"一栏中的"A"、"B"、"C"、"D"放置一个新的元器件的单元电路，其编号自动为 U2A、U2B、U2C、U2D。

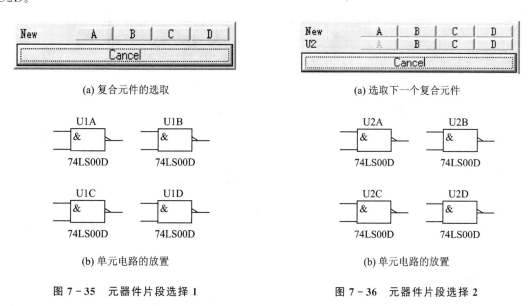

图 7-35　元器件片段选择 1　　　　图 7-36　元器件片段选择 2

（2）搜索元器件

如果对元器件分类信息有一定的了解，Multisim 10 提供了强大的搜索功能，帮助用户快速找到所需元器件，具体操作如下：

① 单击"Place"→"component"菜单，弹出"Select a compnent"（选择元器件）对话框。

② 单击"Search"（搜索）按钮，弹出如图 7-37(a)所示的"Search Componene"（搜索元器件）对话框。Component 栏中可以输入关键词。

③ 单击"Advanced"按钮，选择详细的搜索对话框，如图 7-37(b)所示。

④ 输入搜索关键词，可以是数字和字母（不区分大小写），对话框中的空白处至少填入一个条件，条件越多查得越准，在 Component 框中输入字符串，如"74LS*"，然后单击"Search"按钮，即可开始搜索，最后弹出搜索结果"Search Component Result"对话框，如图 7-38 所示。在对话框的"Component"列表栏中，列出了搜索到的所有的以"74LS"开头的元器件。单击查找到的元器件，单击"OK"按钮，将查找的元器件放置在电路图窗口。

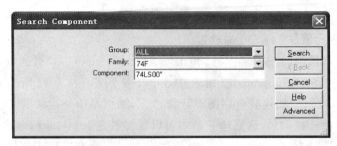

(a) 搜索元器件对话框

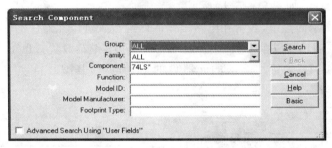

(b) 设置更多搜索条件

图 7-37 "Select a Compnent"对话框

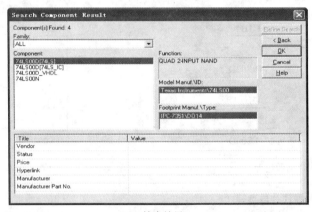

(a) 搜索结果1

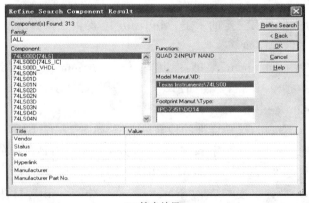

(b) 搜索结果2

图 7-38 "Search Component Result"对话框

3. 使用虚拟元器件

Multisim 10 中的元器件有两大类,即实际元器件和虚拟元器件。严格地讲,元器件库中所有的元器件都是虚拟的。实际元器件是根据实际存在的元件参数精心设计的,与实际存在的元器件基本对应,模型精度高,仿真结果可靠。而虚拟元器件是指元件的大部分模型参数是该种(或该类型)元件的典型值,部分模型参数可由用户根据需要而自行确定的元件。

在元器件查找过程中,当用户搜索到某个元器件库时,在"Family"栏下凡是出现墨绿色按钮者,表示该系列为虚拟元器件,选中该虚拟元器件,在"Component"栏下,显示出该系列所有的虚拟元器件名称,选中其中的一个元器件,再单击"OK"按钮,该虚拟元器件就可以被放置到电路工作区,如图 7-39 所示。

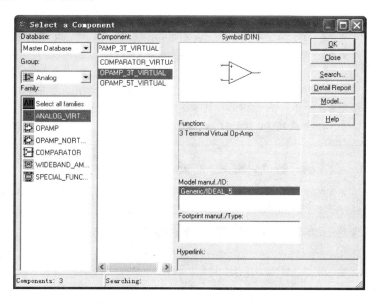

图 7-39 虚拟元器件的查找

一般情况下,虚拟元器件库是这样打开的:选择主菜单的"View"→"Toolbars"命令,在弹出的下拉菜单中选中"Virtual"选项,在工具栏上可以看到虚拟元器件工具条,如图 7-40 所示。

图 7-40 虚拟元器件工具条

表 7-1 所列为虚拟元器件的图标描述和元器件描述。

表 7-1 虚拟元器件的列表

图标描述	包含元器件描述
模拟元器件条按钮	包含元器件: 依次为:比较器;3 端子运算放大器;5 端子运算放大器

续表 7-1

图标描述	包含元器件描述
基本元器件按钮	包含元器件： 依次为：电容器；空芯电感器；磁芯电感器；非线性变压器；电位器；常开触点继电器；常闭触点继电器；组合继电器；电阻器；音频变压器；多功能变压器；功率变压器；变压器；可变电容器；可变电感器；上拉电阻和压控电阻器
二极管元器件按钮	包含元器件：；依次为：二极管；稳压二极管
晶体管元器件按钮	包含元器件： 依次为：四端子双极型 NPN 型晶体管；双极型 NPN 型晶体管；四端子双极 PNP 型晶体管；双极 PNP 型晶体管；N 型砷化镓场效应管；P 型砷化镓场效应管；N 型场效应管；P 型场效应管；3 端子 N 型增强型 MOS 管；3 端子 P 型耗尽型 MOS 管；3 端子 N 型增强型 MOS 管；3 端子 P 型增强型 MOS 管；4 端子 N 型耗尽型 MOS 管；4 端子 P 型耗尽型 MOS 管；4 端子 N 型增强型 MOS 管；4 端子 P 型增强性 MOS 管
测量元器件按钮	包含元器件： 依次为：电流表(4 个，连接方向不同)；探针(5 个，颜色不同)；电压表(4 个，接连方向不同)
混杂元器件按钮	包含元器件： 依次为：555 定时器；模拟开关；晶体振荡器；16 进制 DCD；保险丝；指示灯；单稳态电路；电动机；光电耦合器；锁相环；共阳极 7 段数码管；共阴极 7 段数码管
电源按钮	包含元器件： 依次为：交流电压源；直流电压源；数字地；模拟地；三相电压源(三角形连接)；三相电压源(星形连接)；VCC；VDD；VEE；VSS
虚拟定值元器件按钮	包含元器件： 依次为：NPN 管；PNP 管；电容器；二极管；电感器；电动机；继电器(常闭)；继电器(常开)；组合继电器；电阻器
信号源按钮	包含元器件： 依次为：交流电流源；交流电压源；调幅电压源；时钟脉冲电流源；时钟脉冲电压源；直流电流源；指数电流源；指数电压源；调频电流源；调频电压源；分段线性电流源；分段线性电压源；脉冲电流源；脉冲电压源

在电子设计中选用实际元器件，不仅可以使设计仿真与实际情况有良好的对应性，还可以直接将设计导出到 Ultiboard 10 中进行 PCB 的设计。虚拟元器件只能用于电路的仿真。

7.2 仿真教学案例

7.2.1 桥式整流电路

图 7-41 是单相桥式整流电路,桥式整流电路巧妙地使用了 4 个二极管并分成两组,每组两个二极管接成串联方式。在交流电的正半周和负半周,两组二极管轮流导通或截止。图中 D1、D4 为一组,D2、D3 为另一组,图中接了 4 个电流探头,用示波器观察每组二极管工作情况和负载上的电流。因 D2、D3 是一组,所以流过两者的电流是同一个电流。流过负载上的平均电流是流经每个二极管的平均电流的 2 倍。在忽略二极管管压降的情况下,桥式整流电路输出电压的平均值是变压器次级交流电压(有效值)的 0.9 倍,若考虑二极管的管压降,显然小于 0.9 倍。图 7-42 是用示波器测量的波形,从上到下依次是:流过 D1 的电流、流过 D2 的电流、流过 D3 的电流、流过负载电阻 R1 的电流。D2 和 D3 工作时是串联关系,所以流过它们的是同一个电流。同样,D1 和 D4 工作时也是串联关系(观察波形时示波器输入端置于"DC"状态)。

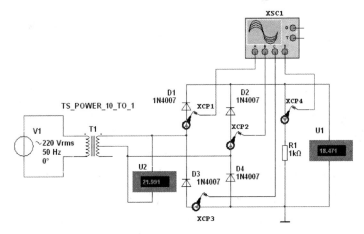

图 7-41 桥式整流电路

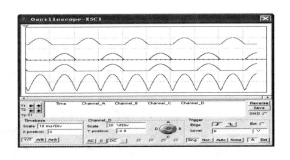

图 7-42 桥式整流电路的电流波形

图 7-43 是用来测量桥式整流电路中每个二极管在截止期间承受的反向电压的电路。当 D2、D3 截止时,两者是并联关系,而 D1、D4 导通时为串联关系,反之亦然。所以截止的两个二极管承受相同的反向电压,反向电压的最大值为变压器次级电压(有效值)的 $\sqrt{2}$ 倍。图 7-44 中

测出反向电压最大值为 30.4 V,约为变压器次级电压 22 V 的 $\sqrt{2}$ 倍。桥式整流电路对电源变压器没有特殊要求,二极管承受相同的反向电压和半波整流电路相同。

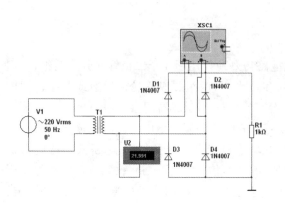

图 7-43 测量二极管承受的反向电压

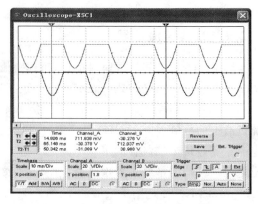

图 7-44 测量结果

7.2.2 稳压二极管的仿真实验

稳压管之所以能够在电路中起到稳定输出电压的作用,是利用稳压管的电流调节作用,通过限流电阻上电压的变化进行补偿,最终实现稳定输出电压的作用。稳压电路的作用是当输入电压(电网电压)发生变化或负载电阻 R_L 发生变化时,使输出电压基本保持不变。下面针对这两种情况进行仿真实验。

1. 输入电压发生变化

假设输入电压正常为 12 V,稳压二极管 1N4735A 的稳压值为 6.2 V,在图 7-45 中,流过稳压二极管的电流为 33 mA,限流电阻产生的电压降是 5.8 V,稳压电路输出电压为 6.19 V。如果输入电压下降到 10 V(下降了 16%),这时流过稳压管的电流减小到 14 mA,限流电阻产生的电压降由正常时的 5.8 V 下降到 3.8 V,输出电压为 6.17 V,如图 7-46 所示。当输入电压上升到 15 V(上升了 25%)时,流过稳压管的电流上升到 63 mA,限流电阻产生的电压降为 8.8 V,输出电压为 6.21 V,如图 7-47 所示。在电网电压正常波动范围内(±10%),输出电压基本维持不变。

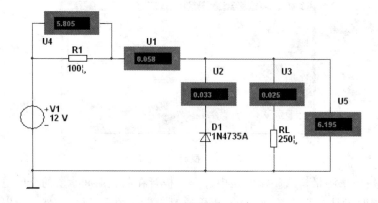

图 7-45 稳压二极管稳压电路

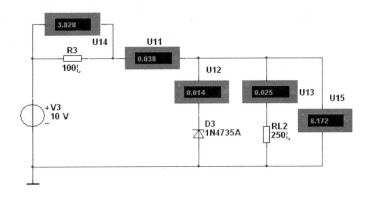

图 7-46 电网电压下降

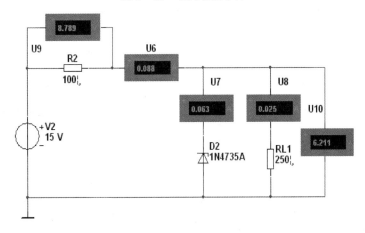

图 7-47 电网电压上升

2. 负载电阻发生变化

图 7-48 中,用可变电阻 R_L 阻值的变化来模拟负载的变化,当阻值由 500 Ω 下降到 150 Ω (阻值变化显示 30%)时,负载上的电流逐渐增大,即负载变得越来越大,这时流过稳压管的电流下降到 17 mA,稳压器的输出电压基本上保持在 6.2 V。如果继续减小负载电阻的阻值,则流过稳压二极管的反向电流继续减小,当流过稳压二极管的反向电流小于它的最小维持电流(6 mA)时,稳压管也就失去了稳压作用。

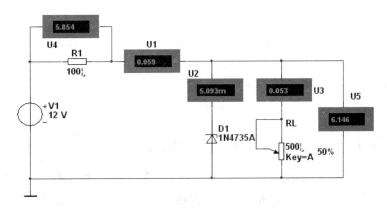

图 7-48 电路负载发生变化

总之,要使稳压二极管起到稳压作用,流过它的反向电流必须在 $I_{min} \sim I_{max}$ 范围内变化,在这个范围内,稳压二极管工作安全而且它的两端反向电压变化很小。上述仿真实验,其实质是用稳压管中电流的减小来补偿输出电流的增大。

7.2.3 基本共发射极放大电路的波形图

1. 共发射极仿真放大电路

放大器输入交流信号后,放大器的工作状态称为动态,在动态时流过三极管各个电极的电流和各电极的电压既有直流分量,又有交流分量,即直流分量和交流分量是叠加在一起的。直流分量即上面所说的静态工作点,是放大电路工作的基础,交流分量是放大器要处理的对象。

图 7-49(a)中放大电路的输入回路相当于是 $U_{BEQ}(0.7\text{ V})$ 和一个微弱的交流信号源(0.5 mV)的相互叠加(串联),这个微弱的交流信号经三极管放大后,经过输出电容器,取出放大后的交流分量。从图 7-49(b)的示波器上可以看到放大前后的交流信号(示波器 A、B 通道均置于"AC"输入状态)。如果将输入回路中的 0.7 V 直流电源去掉,输出端就没有交流信号输出。可见:"直流是基础,交流是对象"。

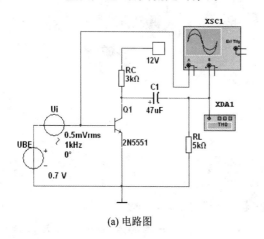 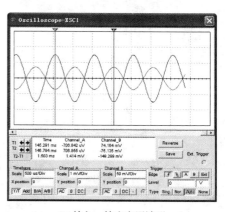

(a) 电路图　　　　　　　　　　　　(b) 输入、输出电压波形

图 7-49　共发射极放大电路

2. 用示波器观察放大器的波形

图 7-50 所示是用四通道示波器观察动态时放大器输入/输出端电流、电压波形的电路。示波器屏幕显示的波形自上而下分别是输入电压 u_i、基极电流 i_b、集电极电流 i_c 和输出电压 u_o 的波形。为了不让直流分量进入示波器,所有通道输入方式均为"AC"方式,另外通过调节 Y 轴信号的衰减比例和信号在 Y 轴方向上的位移,使 4 个波形同时出现在一个屏幕上(各通道衰减比例不同)。图 7-50 所示为示波器屏幕显示情况,输入电压 u_i、基极电流 i_b 和集电极电流 i_c 三者相位相同,只有放大器输出电压和前 3 者相位相反。

7.2.4 分压式负反馈放大电路性能指标的测试

放大电路性能指标有:电压放大倍数、输入电阻、输出电压、频率特性和非线性失真系数等。对放大电路这些指标进行分析,找出影响这些指标的因素,从中得出改善这些指标的方法。

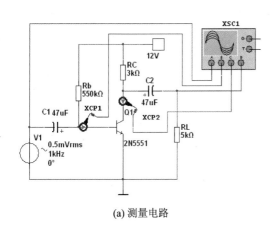
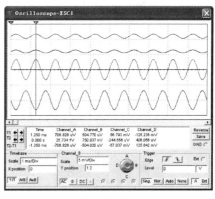

(a) 测量电路   (b) 测量结果

图 7-50 放大器输入、输出波形

1．电压放大倍数的测量

工程上在给放大器设置好静态工作点后，给放大器输入正弦交流小信号，在输出波形不失真的情况下，用示波器或电子交流毫伏表进行测量。

（1）用毫伏表测量电压放大倍数

在图 7-51 中，用毫伏表分别测量输入电压和输出电压（有效值），然后求出两者之比，即为电压放大倍数。图中，电压放大倍数 $A_v = -U_o/U_i = -0.062 \text{ V}/0.000\,5 \text{ V} = -124$。

（2）用示波器测量电压放大倍数

在图 7-51 中，在示波器屏幕上，用两根读数指针分别测量输出电压的幅值和输入电压的幅值，如图 7-52 所示。

$$A_v = \frac{u_{om}}{u_{im}} \approx -\frac{87.1 \text{ V}}{0.7 \text{ V}} \approx -124.4$$

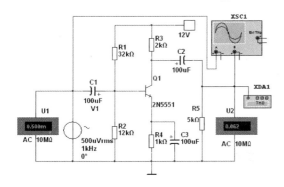
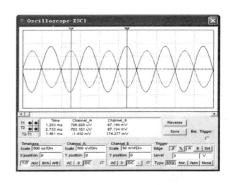

图 7-51 毫伏表测量结果   图 7-52 示波器测量结果

2．输入电阻的测量

对于信号源来说，放大电路的输入电阻就是它的负载。负载电阻越大，放大电路从信号源吸收的电流就越小。即放大器输入电阻的大小反映了放大电路对信号的影响程度。

（1）串接辅助电阻法

工程上常采用如图 7-53 所示的串接辅助电阻的方法测量放大电路的输入电阻。为减小测量误差，一般取串接的辅助电阻和放大电路的输入电阻阻值相近，这里选择 1 kΩ 电阻作为辅助电阻。将交流电压表,按图中所标接入电路,记录电压表在开关闭合和开关断开时的读数(要求输出电压不失真)。公式中 U_i 表示开关断开时电压表的读数,U_s 表示开关闭合时电压表的读数。输入电阻计算结果如下:

$$R_i = \frac{U_s}{U_i - U_s} R = \frac{0.283\text{ V}}{0.5\text{ V} - 0.283\text{ V}} \times 1\text{ k}\Omega \approx 1.3\text{ k}\Omega$$

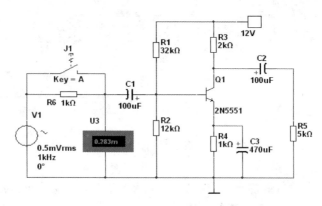

图 7-53　辅助电阻法测量输入电阻

(2) 用电压表、电流表测量

将交流电压表、电流表接入电路,运行仿真开关,记录下电压表和电流表的读数。代入公式计算,输入电阻 $R_i = U_i / I_i = 0.5 / 0.000\,385 = 1.298\text{ k}\Omega$。

两种测量手段不同,但结果相同。共发射极放大器的输入电阻一般在 1 kΩ 左右。

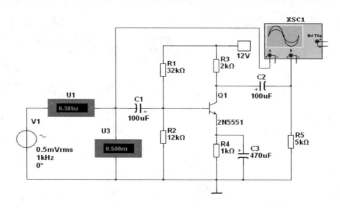

图 7-54　电压法测量输入电阻

3. 输出电阻的测量

对于负载而言,放大电路的输出端相当于一个信号源,这个等效信号源的内阻就是放大电路的输出电阻 R_o。输出电阻 R_o 越小,输出电压受负载电阻的影响越小,若输出电阻 $R_o = 0$,放大电路就变成一个恒压源。在低频小信号状态下,分压式负反馈共发射极放大电路的输出电阻 R_o 近似等于集电极电阻。输出电阻的测量有以下两种方法:

(1) 测量电路的空载电压和带负载的电压法

工程上测量放大电路输出电阻的方法如图 7-55 所示,给放大器输入稳定的中频信号,在输出信号不失真的情况下,分别用电压表测量断开负载电阻 R_5 时的输出电压 U_o 和接入负载

电阻 R_5 后的输出电压 U_{o1},则输出电阻为

$$R_o = \left(\frac{U_O}{U_{OL}} - 1\right) R_L = \left(\frac{0.087 \text{ V}}{0.063 \text{ V}}\right) \times 5 \text{ k}\Omega \approx 1.9 \text{ k}\Omega$$

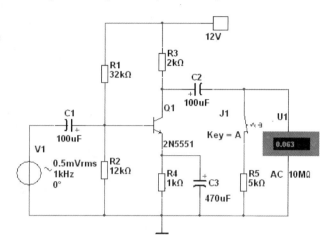

图 7-55 输出电阻测量方法一

(2) 放大器输出端外接信号源法

在图 7-56 中,将负载电阻断开,另外把一中频信号源接到输出端,同时把输入端信号源短路,记录电压表和电流表的读数,则输出电阻为

$$R_O = \frac{10 \text{ V}}{5.227 \text{ mA}} \approx 1.9 \text{ k}\Omega$$

两种方法测出的输出电阻值相同。根据微变等效电路,放大器的输出电阻近似等于放大器的集电极电阻。

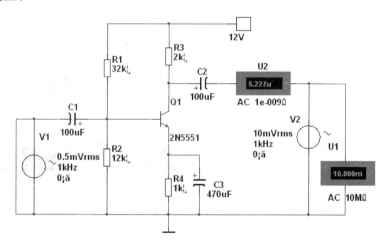

图 7-56 输出电阻测量方法二

放大器的输入电阻和输出电阻不是直流电阻,而是在线性运用情况下的交流电阻。另外,放大器的 R_i 还与 R_L 有关,即使是同一放大电路,空载和带负载时的输入电阻是不同的;输出电阻 R_o 与输入端信号源的内阻大小有关系。

7.2.5 比例运算电路

1. 反相输入比例放大电路

图 7-57 是反相输入比例运算电路,该电路为电压并联负反馈电路,图中接了 3 个电流表,分别测量信号源输入电流 I_i,反馈电流 I_f 和运放的净输入电流 I_{id},测量结果 $I_i = I_f + I_{id}$,从而证明反相输入比例运算电路属于深度电压并联负反馈。

在对图 7-57 进行仿真实验时发现,输入电压和输出电压呈线性关系,其闭环电压放大倍数 $A_{vf} \approx -R_f/R_1$。由于是并联负反馈,反相输入比例运算电路的输入电阻 $R_{if} = R_1$,其值比较小。"虚地"是反相输入比例运算电路的重要特征,这一特征表明运放输入端无共模信号,这样对运算放大器的有关共模的参数要求低。

对图 7-57 进行"传递函数分析",结果如图 7-58 所示。从中可以得到传递函数为 -2.99988,输入电阻 $R_i \approx 999.95 \, \Omega$,输出电阻 $R_o \approx 800.7 \, \mu\Omega$。理论上反相输入比例运算电路的 $R_i = R_1 = 1 \, \text{k}\Omega$,输出电阻 $R_o \approx 0 \, \Omega$。仿真结果和理论分析基本一致。

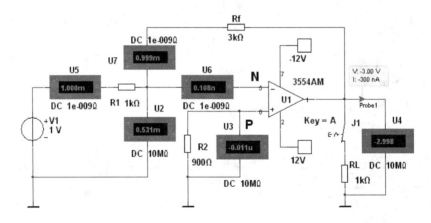

图 7-57 反相输入比例运算电路

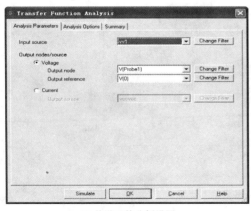

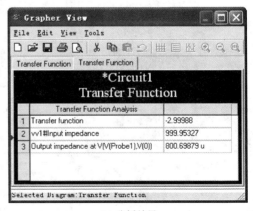

(a) 传递函数分析设置　　　　　　　　(b) 分析结果

图 7-58 传递函数分析

2. 同相输入比例运算电路

图 7-59(a)为同相输入比例运算电路，输入电压经电阻 R_2 接到运放的同相输入端，为了引入负反馈，运放的输出电压经反馈电阻 R_f 引回到反相输入端。为了保证运放输入级差分电路的对称性，选择 $R_2=R_1/\!/R_f$。同相输入比例运算电路是深度电压串联负反馈电路。

从仿真结果可以证明，闭环电压放大倍数

$$A_{uf}=1+\frac{R_f}{R_1}$$

在图 7-59(a)中，因为同相输入端电位等于 0.1 V，所以反相输入端电位也等于 0.1 V，可见同相输入比例运算电路的输入端不存在"虚地"。由于同相输入比例运算电路两端存在共模电压，会引起运算误差，所以在选择运算放大器时，要求它的共模抑制比要高。由于是

深度电压串联负反馈，所以输入电阻特别高，输出电阻很小，可近似看作为 0。

图 7-59(b)是用"传递函数分析"法对上面电路分析的结果，闭环电压放大倍数为 4.001 56，输入电阻 $R_i\approx17$ MΩ，输出电阻 $R_o\approx799$ μΩ。说明同相比例运算电路输入电阻接近无穷大，而输出电阻接近为 0。

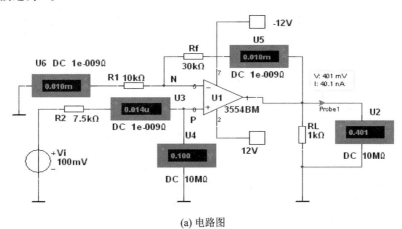

(a) 电路图

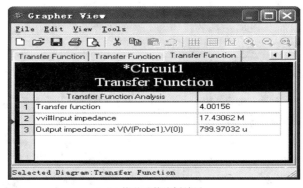

(b) 传递函数分析结果

图 7-59 同相输入比例运算电路

3. 仪器用放大器

图 7-60 为仪器测量放大器电路，它具有高输入电阻、高共模抑制比的优点，通常用于将传感器输出的微弱信号进行放大。电路中要求元件参数对称：$R_3=R_4$，$R_5=R_6$，$R_7=R_8$。放

大器输出电压 U_o 为

$$U_o = -\frac{R_8}{R_5}\left(1 + \frac{2R_3}{R_9}\right)V_1$$

将图中参数代入计算得出，$U_o = 2$ V（$R_p = 5$ kΩ，显示 25%）。改变可变电阻 R_p 的阻值，即可灵活地调节输出电压和输入电压之间的比例关系。R_p 在实际中应采用精密可调电位器，虚拟仿真时将其电阻值增量设置为 0.1%。

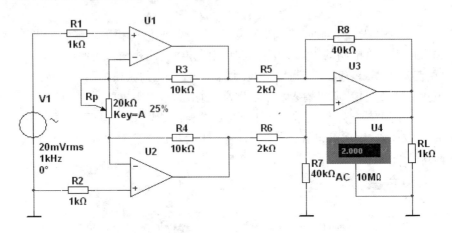

图 7-60 仪器用放大器

7.2.6 加法运算电路

1. 反相求和运算电路（反相加法器）

图 7-61 中输入信号 V_{i1} 和 V_{i2} 分别通过电阻 R_1 和 R_2 加至运算放大器的反相输入端，R_3 为直流平衡电阻，要求 $R_3 = R_1 // R_2 // R_f$。若 $R_1 = R_2$，有

$$U_o = -\frac{R_f}{R_1}(V_1 + V_2)$$

反相输入求和电路的实质是利用"虚地"和"虚断"的特点，通过各路的输入电流相加的方法来实现输入电压的相加。该加法器的优点是，改变某一路信号输入电阻（R_1 或 R_2）的值，不

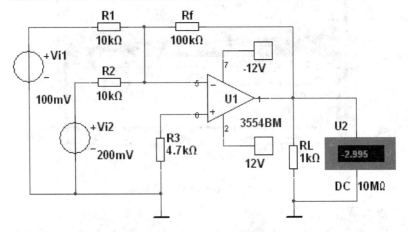

图 7-61 反相求和运算电路

影响其他输入电压与输出电压的比例关系,因而方便调节。

2. 同相求和运算电路

图 7-62 所示为同相输入求和运算电路,电路输入信号通过 R_1、R_2 加到运放的同相输入端。为了使直流电阻平衡,要求 $R_1 /\!/ R_2 = R_3 /\!/ R_f$,这样电路的输出电压 U_o 为:

$$U_o = R_f\left(\frac{V_1}{R_1} + \frac{V_2}{R_2}\right)$$

可见实现了加法运算。若 $R_1 = R_2 = R_f$,则 $U_o = V_1 + V_2$。与反相求和运算定律比较,同相求和运算电路共模输入电压较高,且调节不方便,因此实际上很少采用。如果需要同时实现加法和减法运算,可以考虑采用两级反相求和电路。

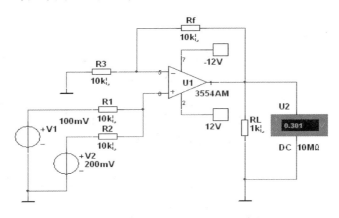

图 7-62 同相求和运算电路

7.2.7 RC 文氏电桥振荡电路

图 7-63(a)为 RC 串并联正弦波振荡器电路(又称文氏电桥电路)。RC 串并联网络的固有频率 $f = 1.592$ kHz。仿真开始后,首先改变可变电阻 R_P 的阻值,图中($R_3 + R_5 + R_P$)为并

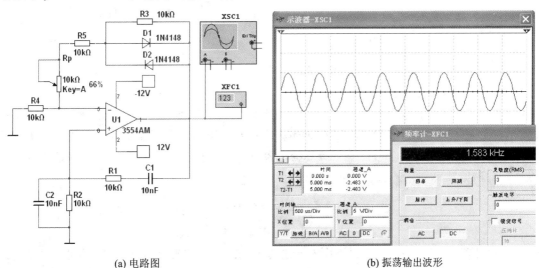

(a) 电路图　　　　　　　　　　　(b) 振荡输出波形

图 7-63 RC 串并联正弦波振荡器

联电压负反馈电阻 R_f,当 $R_P=0$ Ω(即电位器阻值显示 0%)时,示波器中无输出波形,表示电路没有起振。当 $R_P>0$ Ω(即电位器阻值显示 1%以上)时,示波器中出现正弦波。之后继续增大 R_P 的阻值,振荡器输出幅度逐渐增大。

文氏电桥振荡电路中的运算放大器属于同相输入比例运算电路,其电压放大倍数 $A_{vf}=1+\dfrac{R_f}{R_4}$,电压放大倍数只要略大于 3,就能顺利起振,若 $A_{vf}<3$,电路就不能起振。仿真结果证明了这一结论。图 7-63(b)为文氏电桥振荡器输出的电压波形。用频率计测得输出的正弦波频率为 1.583 kHz,与计算结果 1.592 kHz 很接近。

7.2.8 三点式振荡器

1. 电感三点式振荡器

电感三点式振荡器又称哈特莱振荡器,如图 7-64(a)所示。图中三极管构成共发射极放大电路,电感 L_1、L_2 和电容构成正反馈选频网络。谐振回路的三个端点 1、2、3 分别于三极管的三个电极相连接(对交流信号而言),反馈信号取自电感 L_2 两端。

改变振荡回路电容 C_1 的容量,就可以改变振荡信号的频率。图 7-64(b)为该振荡器输出的振荡电压波形,由于高次谐波成分较多,信号波形较差。

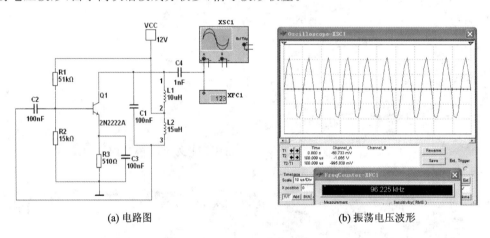

(a) 电路图   (b) 振荡电压波形

图 7-64 电感三点式振荡器

2. 电容三点式振荡器

电容三点式振荡器(又叫考毕兹振荡器),其电路如图 7-65(a)所示。正反馈选频网络由 C_1、C_2 和 L_1 组成,反馈信号取自电容 C_2 两端。选频网络中的三个端点 1、2、3 分别和三极管的三个电极相连接(对交流信号而言),故称为电容三点式振荡器。电路的振荡频率近似等于谐振回路的谐振频率,即

$$f_o \approx \dfrac{1}{2\pi\sqrt{RC}} = \dfrac{1}{2\pi\sqrt{L\dfrac{C_1 \cdot C_2}{C_1+C_2}}}$$

将电路图中 C_1、C_2 和 L_1 的数值代入上述公式,求得 $f_o \approx 11.25$ kHz。图 7-65(b)是振荡器的输出电压波形,用频率计测得振荡频率为 10.857 kHz。该电路的优点是输出波形比较好,缺点是调节频率不方便。

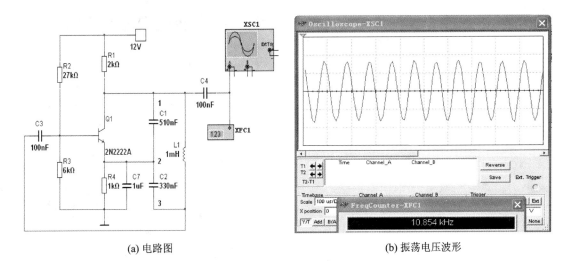

(a) 电路图　　　　　　　　　　　　(b) 振荡电压波形

图 7-65　电容三点式振荡器

7.2.9　乙类双电源互补对称功率放大电路(OCL 电路)

单管甲类功率放大电路的缺点是效率低,单管乙类功率放大电路虽然提高了效率,却出现了严重的波形失真。因此,既要保持静态时管耗小,又要输出信号不失真,就需要在电路结构上采取措施。

消除乙类放大中的非线性失真的一个有效的办法是:选用两只管子,使之都工作在乙类放大状态,一个管子在正弦信号的正半周工作,而另一个在负半周工作,从而在负载上得到完整的正弦波形。双电源互补对称放大电路在静态时两管的发射极是零电位,所以负载电阻可以直接连接,发射极和负载之间不需要耦合电容,故称之为 OCL 电路。

图 7-66(a)所示是互补对称功率放大电路,Q_3 和 Q_4 分别在 NPN 型和 PNP 型管互补,两管的参数要求一致对称,它们的基极和基极接在一起,发射极和发射极接在一起,信号从基极输入,从发射极输出,是两个工作在乙类状态的射极输出器的组合电路。当输入信号为 0 时,两个三极管发射结处于 0 偏置,输出电压为零,当输入信号为正半周时,Q_3 发射结正偏导通,Q_4 发射结反偏截止,有电流通过负载;而当输入信号为负半周时,Q_4 发射结正偏导通,Q_3 发射结反偏截止,有电流通过负载,但电流方向与前一次电流方向相反,即在输入信号的一个周期内,Q_3 和 Q_4 轮流导电,在负载上得到一个完整的波形。

图 7-66(b)所示是用示波器观察到的 OCL 乙类功放电路的输入、输出电压波形。从示波器上看出,输出电压波形在过零处不是圆滑的连接,明显产生了失真。因为乙类互补对称功率放大电路没有设置偏置电压,静态工作点设置在零点,$U_{BEQ}=0$ V,$I_{BQ}=0$ A,$I_{CQ}=0$ A,由于三极管存在死区,当输入信号小于死区电压时,两个三极管仍不导通,输出电压为零,这样在信号过零附近的正负半周交接处无输出信号,出现了失真,该失真称为交越失真。

图 7-67 所示是用示波器观察 OCL 乙类功放电路的输出电流,可以看出,两个三极管是交替导通,但流过负载的方向相反,在负载上合成为一个完整的波形,输出电流波形同样存在着交越失真。

产生交越失真的原因是:在乙类互补对称功率放大电路中,三极管发射结在静态时没有设

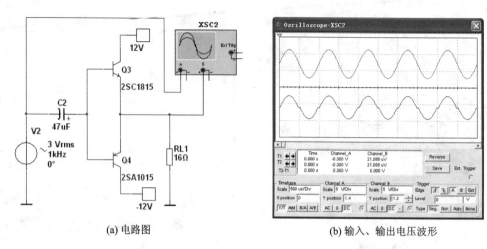

(a) 电路图　　　　　　　　　　(b) 输入、输出电压波形

图 7-66　OCL 乙类功放电路

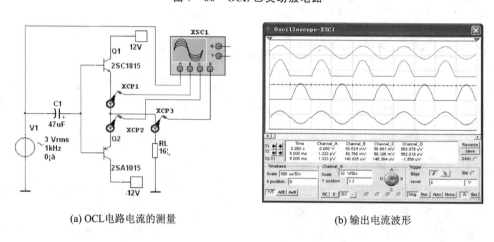

(a) OCL 电路电流的测量　　　　　(b) 输出电流波形

图 7-67　OCL 乙类功放电路的电流波形

置正向偏压,由于三极管存在死区电压,当输入信号小于死区电压时,三极管 Q_1、Q_2 仍不导通,输出电压为 0,三极管的导通角小于 180°,在输入信号过零附近的正负半周交接处无输出信号,即产生了交越失真。

7.2.10　集成功率放大电路 TDA2030

1) 集成功放主要用于音频(低频)信号放大,所以输入端有输入耦合电容,一般取 10~47 μF 的电解电容。

2) 集成功放需要直流偏置。对 OCL 电路,同相输入端通过一个电阻接地(使其直流电位为 0),电阻一般取几十 kΩ,太小会降低电路的输入电阻,如图 7-68(a)中的 R_1。对 OTL 电路,为取得 $\frac{1}{2}V_{CC}$ 直流电位,需用电阻分压,图中的 R_1、R_2、R_3、C_4,电阻一般取(100~200 kΩ)。

3) 集成功放是一个开环增益很大的直流放大器,因此必须加负反馈网络,且为电压串联负反馈。为方便用户灵活应用,该网络一部分或全部外接。TDA2030 的负反馈网络是全部外接。

1. TDA2030 双电源功放电路(OCL 电路)

图 7-68(a)为使用 TDA2030 的双电源功放电路。图中 R_3、R_2、C_2 为交流负反馈电路,C_2 为隔直电容,即 R_3、R_2、C_2 为交流电压串联负反馈电路,C_2 可视作交流短路。R_4、C_5 为高频校正网络,用以消除自激振荡。D_1、D_2 起保护作用,用来泄放负载产生的自感应电压,将输出端最大电压钳位在($V_{CC}+0.7$ V)和($V_{CC}-0.7$ V)上。C_3、C_4 为退耦电容,用于减少电源内阻对交流信号的影响。理论上,该电路的电压放大倍数 $A_{vf}=1+\dfrac{R_3}{R_2}=1+\dfrac{22}{0.68}\approx 33.4$。图 7-68(b)所示为输入、输出电压波形,根据示波器上测量的数据,TDA2030 双电源功放电路的电压放大倍数为 33.4。理论计算和实际测量结果完全一致。

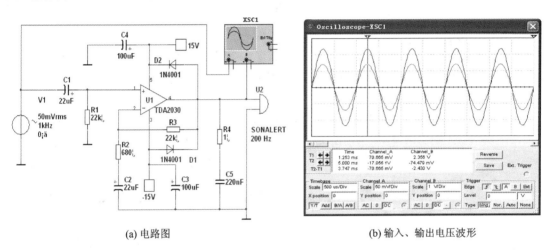

(a) 电路图　　　　　　　　　　　　(b) 输入、输出电压波形

图 7-68　TDA2030 双电源功放电路

2. TDA2030 单电源功放电路(OTL 电路)

图 7-69(a)所示为 TDA2030 单电源功放电路。对于 OTL 电路,为取得 $\dfrac{1}{2}V_{CC}$ 直流电位,需用电阻分压,图中的 R_1、R_2 组成分压电路,通过 R_3 向输入级提供直流偏置,静态时,正、负输

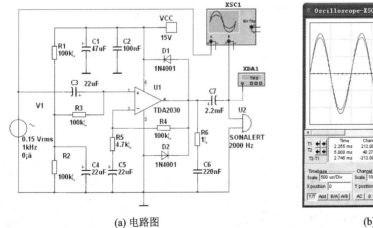
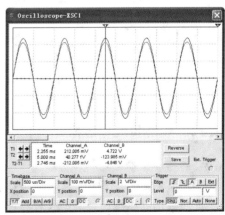

(a) 电路图　　　　　　　　　　　　(b) 输入、输出电压波形

图 7-69　TDA2030 单电源功放电路

入端和输出端均为 $\frac{1}{2}V_{cc}$,电阻一般取(100~200 kΩ)。OTL 电路需要输出耦合电容,且电容容量越大,放大器的低频特性越好,一般取几百至一千 μF,视输出功率和频响要求而定。图中的 R_4、R_5、C_5 为电压串联负反馈电路,其他元件作用与双电源电路相同。理论上,TDA2030 单电源功放电路的电压放大倍数 $A_{vf}=1+\frac{R_4}{R_5}\approx 22.2$。图 7-69(b)为输入、输出电压波形,从示波器测量的数据可以计算出电路电压放大倍数为 22.27。

7.2.11 串联型稳压电源

图 7-70 所示为串联型稳压电源的电路图,复合三极管 BCX38B 作为调整管和负载接成串联形式,故称为串联型稳压电源。

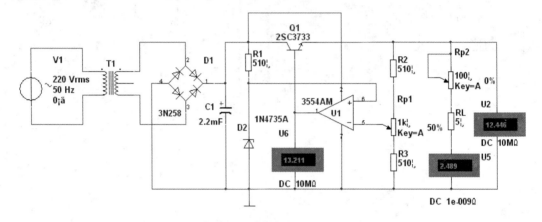

图 7-70 串联型稳压电源

图中的运算放大器 3554AM 和外围元件组成比较放大电路,运放的同相输入端接在一个简单的稳压电路上,同相输入端电压被固定在 6.2 V,作为基准电位。而运放的反相输入端连接在 R_2、R_{P1} 和 R_3 组成的输出电压取样电路中,也就是说反向输入端的电压是会随着电网电压的波动或负载电阻的变化而波动的。运算放大器的差模输入电压等于基准电压和取样电压之差。图中 R_{P2} 最初为 100 Ω,这时负载上的电流为 0.119 A,稳压电源输出电压为 12.45 V。现将 R_{P2} 变为 50 Ω(即负载加重),这时负载上的电流为 0.226 A,取样电压变小,稳压电源输出电压为 12.45 V。将 R_{P2} 变为 0 Ω,负载上的电流变为 2.489 A,稳压电源输出电压为 12.446 V。可见该电路的稳压性能是非常好的。当 $R_{P2}=100$ Ω 时,调节可变电阻 R_{P1},输出电压可以在 8.5~24 V 之间连续变化。

7.2.12 线性集成稳压器

1. 三端固定输出集成稳压器

三端稳压器是一种模拟集成电路,对外只有输入端、输出端和公共端三个引脚。常用的 7800 系列是正电压输出,7900 系列是负电压输出。两种系列的外形一样,但管脚编号不同。每一种三端稳压器都有额定的输出电压,三端稳压器其输出电压的偏差一般为±5%左右,为了保证稳压器正常工作,稳压器的输入电压和输出电压的压差要大于 3 V,即输入电压要大于输出电压。压差太小,稳压器不能起到稳压作用,压差太大,又会增大稳压器自身消耗的功率,使稳压器发热,并使最大输出电流减小。

图 7-71 所示是采用 LM7815 的稳压电路,输出正电压,调节 R_P 的阻值,当负载电阻在一定范围内变化时,输出电压基本不变。

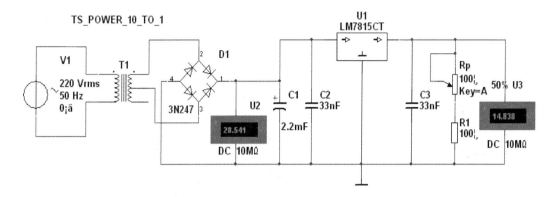

图 7-71　78 系列稳压电源

2. 三端可调式集成稳压器

三端可调式稳压器是指输出电压可以调整的集成电路,其输出电压也有正、负之分。两者的输出电压分别为 $+1.2 \sim +37$ V 或 $-37 \sim -1.2$ V,连续可调。

图 7-72 所示是采用 LM317 的基本应用电路,输出正电压。改变可变电阻 R_1 的阻值,输出电压均能连续改变,在实际中 R_1 应选用多圈精密可调电阻。三端可调稳压电路输出电压的计算公式为

$$U_\circ = 1.25 \text{ V} \times \left(1 + \frac{R_1}{R_2}\right)$$

三端可调集成稳压器的最小输出电压为 1.25 V,也就是说输出电压不能从 0 V 调起,而是从 1.25 V 起调。为了保证稳压器正常工作,稳压器的输入电压和输出电压的压差要大于 3 V。

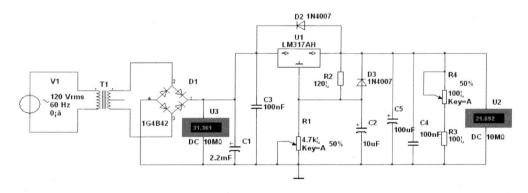

图 7-72　LM317 可调稳压电路

附　录

国内外三极管代换型号

国内外三极管代换型号如附表 F-1 所列。

附表 F-1　国内外三极管代换型号及特性

型　号	简要特性	可代换国外型号	可代换国内型号
2SA562	高频、中功率、大电流	BC328,BC298,BC728,BC636,2N2906～07	3CK9C,3CG562
2SA673	行推动		3CG23C,3CG23E
2SA678	同步分离		3CG15A,3CG15B,3CG21C
2SA715	场输出管		CD77-2A,3CF3A
2SA778A	开关电源误差放大		3CG21G,CG75-1A
2SA844	高频,小功率	BC177, BC204, BC212, BC251, BC307, BC512,BC557	3CG121C,3CG22C
2SA1015	高频,小功率	2SA544～545,BC116A,BC181,BC281, BC291～292,BC320,BC478～479,BC512, BCW52,BFW62～64	3CG130C,3CG22C, 3CG1015,3CG22D
2SB337	电源调整	B337	3AD53B,3AD53C, 3AD30B,3AD30C
2SB507	低频,功率放大	BD242A,BD244A,BD578,BD588	CD50B,CD77-1A
2SC97A	高放,振荡	2SC108A,BSS27,2SC1150	3DK4, 3DK64, 3DK100, 3DK106
2SC383	高频,小功率	2SC45,2SC383H,2SC401,2SC402,2SC403, 2SC828A,2SC907AH,2SC945,2SC1328, 2SC1380A,2SC1453,2SC1685,2SC1747, 2SC1850, 2SC2385, 2SC779, 2SC248, 2SC249,2SC499,2SC1890,BC147,BC277, BC280,BC347～348,BCP147,BCP247, BCW87,BCW98,BCX70,BCY56,BFJ92, BFV89A,BFV98,2N335B,2N56（S）, 2N707A,2N930,2N1074～1077,2N1439～ 1443,2N2247～2249,2N2253～2255, 2N3877	3DG120B,3DG170G, 3DG110F,3DG111F
2SC400	开关管	2N3605,BSV52,2SC1319	3DK2,3DW24,3DW25, 3DK16,3DK18,3DK101
2SC454	高频放大,混频,变频	BF240,BF254,BF454,BF494,BF594	3DK205C
2SC495	高频,大功率,大电流	BD139,BD169,BD179,BD237,BD441	3DK9D
2SC496	高频,大功率,大电流	BD135,BD165,BD175,BD233,BD437	3DK4A
2SC533	功放,振荡	2N3733	3DA92,3DA107,3DA22, 3DA86,3DA404
2SC536	高频放大,混频,变频,振荡	2SC87,2SC529～533,2SC537,2SC693～ 694,2SC752,2N947,2N3390,2N3391	2DG8A,3DG121C,3DX202
2SC619	开关,功率放大	BC107,M171,BC183,BC207,BC237	3DG130D

续附表 F−1

型　号	简要特性	可代换国外型号	可代换国内型号
2SC684	UHF,VHF 本振	2SC1069,2SC2468,2SC2730	3DG301,3DG56B 3DG79B,2G210A 3DG80B,3DB84D
2SC689H	开关管	2SC356,BSY28,BFV878	3DK1,3DK7,3DK102
2SC710	中　放	2SC717	DG304,3DG84,FG021
2SC741	高放,振荡	2SC216,BC185	3DG12,3DG130,3DG204
2SC776	高频功率放大	BC141,BC301,BFX96,97A,BSW53,54,2N2217,19A	3DA1,3DA2A
2SC781	高频,大功率	BFW47,BFS23,BFY99,2N3553,40305	3DA87B
2SC790	低频,大功率	BD241A,BD243A,BD577,BD587	
2SC797	高放,振荡	25C1213AK,2TX223	3DG5,3DG7
2SC828	高频,高 β,低输入阻抗	2SC96,2SC128,2SC192（S）2SC263,2SC281,2SC350,2SC368～369,2SC370～374,2SC471～472,2SC475～476,2SC631～634,2SC715～716,2SC912,2SC1090,2SC1327,2SC1684,2SC1849,2SD603,2SD778,BC108～109,BC171,BC254～255,BC386,BCP108～109,BCP148～149,BCY42～43,BCY69,2N1199～1201,2N2244～2246,2N2250～2252,2N5088～5089,2N930A～B	3DG120A,3DG120B
2SC829	高频,低频放大	2SC62,2SC544,2SC561～562,2SC1686,2N3289～3292	23DG111E
2SC911A	功放,振荡	2N5644	3DA816
2SC917	UHF 高放,混频	2SC2466,2SC2728,2SC2731,2N6389	2DG302,FG024
2SC920	高频放大,混频,变频	2SC33,2SC838～839,BF237～238	3DG111F
2SC930	高频,小功率	2SC545,2SC772,2SC923,2N1992,2N3293～3294	3DG111D
2SC1008	高频,大电流	BC141,BC301,BSS15,BSS42,BSW39,2N5320	3DG12,3DG81C
2SC1014	大功率开关管	BC429A,2N4349～4350,2N5914,2N5923,BD437	3DA28B,3DK104B,3DK204A
2SC1069	UHF 本振,VHF 本振,混频	2SC684,2C2468,2SC2730	3DG301,FG023
2SC1239	功率放大	40544,40544L	3DA2,3DA101C,3DA102A
2SC1349	开关管	2N3605,2SC400,BSV52	3DK2,3DK16,3DK101
2SC1413	大功率开关管	BU108,BU208,BUX31,BUX32,BUY71	3DA58H,3DA87G,3DK205F
2SC1514	视　放	2SC1722,2SC1921,2SC2228,2SC2068	3DG27,3DG82,3DA87,3D150
2SC1776	高频,小功率	BC174,BC182,BC190,2N2220～2222	
2SC1923	高放,混频变频,振荡	BF241,BF255,BF455,BF595	3DG18A,3DG103B,3DG205

续附表 F-1

型　号	简要特性	可代换国外型号	可代换国内型号
2SC1961	功率放大	40392,40544,405445	3DA2,3DA45,3DA53,3DA102A
2SC2120	功率放大	BC338,BC378,BC738	
2SC2369	高频放大	2SC3429,2SC3302,2SC3268,2SC3128,2SC3110	2G914A~D,3DG44E,3DG70C,3DG81D,3DG85A~C,3DG143
2SC2466	UHF 高放,混频	2SC917,2SC2728,2SC2731,2N6389	3DG302,FG024
2SC2468	UHF 本振,VHF 本振,混频	2SC684,2SC1069,2SC2730	3DG301,FG023
2SC3037	低频,大功率	DG5421,DG5422,BFR49,2SC1459	2G913BG,2G915A-C,DG42,3DG90C-E
2SC3355	适用开关,高频放大	2SC3510,2SC3512	2DG72B-G,3DG82B-C,FDA901,FDG002,3DA312
2SD313	低频,大功率	BD241A,BD243A,BD557,BD587	3DD30A,DD03B
2SD325	低频,大功率	FDD305A	3DD325
2SD401	低频,大功率,高反压	BD401,MJE5655,2N5655	DD01B
2SD880	大功率,高 β,功率放大	SDT7744,1814,3205	3DK03,3DK105,3DK205,3DD102,D680,3DD301A
2N1489	电源,调整管		DD03A
2N3055	低频功率放大		3DD71D
2N5401	高频,中功率放大		CG160C,3CA3F
2N5551	高频,中功率放大		3DG84G,3DG1621
BC558	高频,中功率放大		3CG120B
BU208	电视机行输出	2SC937	3DK304F,3DD501,3DA711,3DA58
BU406D	高频,大功率放大		3DD15C
JA101	高频放大	2SA733	3CG21
JC500	高频放大	2SC945	3DG8

参考文献

[1] 华成英. 电子技术[M]. 北京:中央广播电视大学出版社,2002.
[2] 孙丽霞. 数字电子技术[M]. 北京:高等教育出版社,2004.
[3] 周良权. 模拟电子技术基础[M]. 北京:高等教育出版社,1993.
[4] 沈任元. 模拟电子技术基础[M]. 北京:机械工业出版社,2003.
[5] 夏春华. 模拟电子技术[M]. 北京:中国水利水电出版社,2003.
[6] 中国集成电路大全编委会. 中国集成电路大全——TTL集成电路[M]. 北京:国防工业出版社,1985.
[7] 中国集成电路大全编委会. 中国集成电路大全——COMS集成电路[M]. 北京:国防工业出版社,1985.
[8] 朱永金. 电子技术基础实训指导[M]. 北京:清华大学出版社,2005.
[9] 邵展图. 电子电路基础[M]. 北京:中国劳动社会保障出版社,2003.
[10] 姜有根. 电子线路[M]. 北京:电子工业出版社,2004.
[11] 康华光. 电子技术基础(数字部分)[M]. 北京:高等教育出版社,2000.
[12] 黄智伟. 基于NI Multisim的电子电路计算机仿真设计与分析[M]. 北京:电子工业出版社,2008.
[13] 程勇. 实例讲解Multisim 10电路仿真[M]. 北京:人民邮电出版社,2010.
[14] 清华大学电子学教研组,杨素行. 模拟电子技术基础简明教程[M]. 3版. 北京:高等教育出版社,2009.
[15] 胡宴如. 模拟电子技术[M]. 3版. 北京:高等教育出版社,2008.
[16] 赵春华,张学军. MuItisim 9电子技术基础仿真实验[M]. 北京:机械工业出版社,2007.
[17] 李学明. 模拟电子技术仿真实验教程[M]. 北京:清华大学出版社,2011.
[18] 王莲英. 基于MuItisim 10的电子仿真实验与设计[M]. 北京:北京邮电大学出版社,2009.